白房子

TIANJIN LIBRARY

天 津 市 图 书 馆
全 过 程 设 计

赵春水　主编

中国建筑工业出版社

白 房 子

TIANJIN LIBRARY

天 津 市 图 书 馆
全 过 程 设 计

白房子
——建构面向未来的时空

这里有现代的秩序感和空间感，

线条硬朗，

身影轻盈。

交错桁架的空间布置体系，

有赖于技术的进步，

散发出持久的生命活力。

图书馆的美，

没有繁复的线脚，

不用特别的色彩，

浓而不艳，

冷而不淡，

清而不散；

步入其中，

无桃李争妍，

更觉比别处清幽宁静。

白色铝板墙壁，

编织出不同韵律，

不招摇，

却醒目。

这里就是我们要给读者展现的一处现代技艺的实现，

一个从理想到现实的努力。

一栋白房子的故事，

与天津文化中心一起诞生，

生长延绵，

哺育城市。

红房子
——筑就似曾相识的风景

那是一种古老的美好，

有着粗砺的线条，

朴素的花纹。

那是一个外表粗犷，

质里天然，

历经岁月的建筑。

它风华过一个朝代，

也曾装点一段如水的光阴，

如今的建造技艺又让它重新散发着光芒，

盈盈盛开。

外省之人每每落脚天津，

总会寻访这一雅趣之处

——泰安道的丽思卡尔顿。

那里的风雅，

来自于岁用光阴的打磨，

这般寻访，

有如赶赴一场久别的约会。

那里就是我们将要给读者展现的一幅历史画卷，

一场悠长而美丽的建筑重生之旅。

一栋红房子的故事，

伴随着泰安道历史街区的重生，

与丽思卡尔顿酒店的不解之缘。

天津建造 白红对话

Tianjin Construction: Dialogue between White & Red

文 赵春水

　　天津的城市景观富于变化而生机勃勃，皆因海河水系穿城而过导致道路系统复杂异常，加之近代百年风云际会给天津留下无比丰富的建筑遗产，使之有"万国建筑博览会"之称，韵味纯厚。

　　归国10年，回顾岁月里做过的项目。红房子、白房子都已经建起来六年多了。它们就像亲兄弟一样被我们拉扯大。红房子建在敏感的维多利亚花园旁，花园周边的利顺德酒店、阿甘里教堂、开滦矿务局是铭记着岁月变迁与沧桑的守护者。红房子项目的规划、建筑非常严谨地复原传统历史街区的氛围。建筑师对体量、风格、材料、建造的几近偏执的坚持，使建成后的五大院地区透出古典气息，维多利亚花园也更雍容华贵。白房子建在新行政中心旁，是市政府在努力打造文化强市的雄心下建造的城市客厅。其中，大剧院是当之无愧的主角，白房子则偏安一隅，应城市发展的需要，演绎着现代信息集散平台的角色。其内部空间在现代建构逻辑下被转译成传统园林的空间体验。

　　红房子、白房子诞生于天津城市最快速发展的时期，它们在城市关系、街区尺度、功能划分、空间构成等方面都产生了对比性的思考。正像双面镜子，同时映射出城市发展的双面性格。对"传承"与"创造"，红房子、白房子分别以各自独特的方式给出自己理性的回答。本文在建造的语境下，讨论它们存在的价值。之于当前日新月异的大背景，虽不合时宜，却更显现实意义。

我们始终认为好的项目设计是从策划开始的，即包括项目企划、城市设计、详细规划、建筑、景观、内装、布展等在内的一系列设计工作。其中，责任建筑师必须全程参与并将设计理念从始至终加以落实和执行。诚然，在这个复杂的过程中，有些本来坚持的想法可能会随条件变化而改变，但设计师对整体项目的全面参与是提高项目完成度和保障品质的必要条件。全过程设计（APD）时，对项目的介入并不是简单的参与，"APD"坚持的是整合所有参与项目的设计师的理念，统一设计师的价值取向，基于全员对城市文化的理解、对项目价值的认知以及对建筑空间哲学的思考，用达成共识的统一理念指导项目的实现。

15世纪维特鲁威在《建筑十书》中提出建筑应该"实用、坚固、美观"的论点，同时认为建筑是一个整体事件，是由外形轮廓与内部结构等组成的，即建筑是"一整体事件"的概念，包含了对建筑整体性的认知智慧。中国古代文献《园冶》的作者计成提出的"相地、立基、屋宇……借景"等造园理论，是对人工环境设计整体性更全面、更系统的阐述。从古至今，无论建房还是造园，都是必然包含诸多要素的一个"整体"事件。随着18世纪科学、工程学的诞生及逐步发展，包括城市学科在内的相关学科纷纷诞生，各个学科在不断建立并完善自身领域的理论体系的同时，出现了自我疆界不断固化、学科之间彼此封闭的现象，造成本应该是"整体事件"的建筑活动被人为划分、各专业细分并肢解的情况。而且伴随着建设的提速，这种现象有逐步严重的倾向，以至于阻碍了建设项目的创新实践与品质提升。全过程设计正是基于对现实的清晰判断，基于建立在现代科学上的、对专业分化使建筑的整体性逐渐式微趋势的反思，提出从"整体事件"的角度去把握建筑，并借助现代化手段充分发挥各专业细分带来的优势，从而最终促进建筑品质的提升。

全过程设计是一种对项目的认知方式、思考方法和操作方略，是一种系统方法。是对社会、环境、文化、政治、经济、技术、材料等的整体思考。

纵观天津600余年的变迁沧桑与辉煌荣耀，从老城乡到逐水而兴的各国租界，再到围绕功能与商业发展的中心城区，一直缺少有标志性、凝聚力的城市中心。为落实中央对天津发展的要求，天津市政府决心建立功能配套完善、体现开放活力、提升城市竞争力的文化中心。天津文化中心的选址工作是全过程设计的起点。最终选址是建立在对既有开放空间、道路系统、绿化系统等认真分析、科学研判的基础上的理性选择。同时，结合地下空间规划、交通、市政、文化设施等专项规划，发挥规划的核心引领作用，全方位、多角度地充分论证，使拟建文化中心在将来城市的发展中发挥更显著的作用。（详见《天津文化中心诞生记》）

选址明确之后，天津市城市规划设计研究院承担了文化中心"国际方案征集"的工作。按照高水平规划、高起点建设的要求，组织国内外知名设计公司参加城市设计、单体设计及景观设计等方案的征集工作（详见《天津文化中心设计方案国际征集》）。经过一年多时间，集结40多家国内外一流团队，汇集200多个设计方案，完成20多轮深化完善，实施方案个性与整体性共存，经济性与实用性兼具，得到由20多位院士、大师组成的咨询委员会的高度评价，一致认为文化中心的规划设计达到了国际先进水平。组织并参与方案和征集工作是全过程设计的重要环节，通过各个团队设计思想的碰撞、交流，能力和经验得到了充分的展示，大家逐渐跨界磨合，为下一步落实规划建筑方案打下了良好基础。

全过程设计是设计的一种交流形式、沟通机制和协调方法，是一种跨界合作，是在当前政治、经济、文化、生产、技术等大背景之下，由设计主导共同决策，实现引领社会变革理想的全程合作。

天津图书馆天津文化中心的组成建筑之一，是我们同山本事务所共同投标并中标的项目。从项目现场踏勘开始，我们就坚持全过程设计、全专业介入、全员参与的工作思路。在方案立意阶段，系统地梳理了图书馆的由来、现状及发展趋势，从使用、经济、技术、建造等方面对图书馆传递知识、传承文化的使命加深了理解。我们认识到，随时代变迁，以保管、借阅为主的传统图书馆衍生出信息交流分享、高档休闲等功能，同时发展为空间丰富及重视人文关怀的复合型公共场所（详见《现代图书馆建筑发展趋势》）。经过充分研讨，图书馆理想模式逐渐清晰：

共享：信息共享、资源共享、空间共享
交流：行为交流、视线交流、心灵交流
激发：共享、交流带来无穷的求知与好奇
乐园：功能复合、激发活力、智慧乐园

实现"共享、交流"的设计理念，需要开放、通透、流动的空间。在设计之初，我们同山本理显团队共同整理了"图书馆"的任务书，按现行规范逐条、逐句、逐字研究，目的是从中梳理出能够对外开放的使用功能，将不能开放的功能（如：研究、古籍、办公等）尽量集中，这样既能满足使用封闭空间的需求，又能给新空间的创造提供更多可能性。同时，在功能布局上，尽量将开放的大空间布置在低层，半封闭和封闭的空间布置在周边或上层，保证公共空间以开放姿态示人。

空间设计方面，以透明、流动来实现视线穿越和行为的流动，为使用者提供空中庭院步移景异的真实体验。（详见《间1——透明空间》）

建筑空间的创新引导着结构体系创新，结构技术的发展给建筑空间创造了更多自由。"钢框架支撑·空间桁架"体系是图书馆创新的结构形式（详见《间3——建构空间》）。新结构体系中，结构支撑只能提供45%的水平刚度，55%的刚度由框架提供，所以框架结点决定钢架刚度的发挥——节点决定效率（详见《节点分析，实验优化》）。

开放空间带来对结构、设备专业的巨大挑战，纯净的空间更让设备无以安置，这就要求建筑、结构、给排水、暖通、电气各专业超越既有藩篱，紧密协作，从整体出发，共同合力解决矛盾。因不同的使用功能带来不同的室内负荷，暖通专业提出按内外区分层设置空调的整体方案，同时选用新型地板送风技术，以实现空间的纯净（详见《全新的系统，全新的空间》），而室内设计更是提高项目完成度的重要环节（详见《关于天津图书馆的内装及标识设计——以人为本的室内效果营造》）。

天津图书馆建筑从方案立意、空间模式推演、功能组织优化，到建筑创意引领结构创新，再到空间形式决定设备系统，以及室内装修的完美弥合，整个过程都遵循全过程设计的指导理念。通过各专业的通力合作，保证了方案理念的实施，展现了"全过程设计"的工作方法在从方案到施工图乃至落实阶段的价值。

全过程设计并不仅仅是设计自身的完善，更关注建造过程的控制，需要各主管部门业主、设计师、施工单位等达成共识，形成合力。

从设计图纸到建造是"从虚向实"的实现过程，也是设计师实现设计理念、接受最大挑战的阶段。经过3年多时间的技术交流会，现场服务让设计本身更完善。经过各种规范、生产制造技术、安装调试工艺的检验，使建造过程成为全过程设计的实践过程。随着建造技术、功能需求的提高，传统、单一、封闭的空间逐渐被淘汰，取而代之的是更具开放性、流动性的共享空间。但是，这些进步给火灾的快速蔓延提供了条件，给人员应急疏散带来了挑战，新空间形式与消防规范之间的矛盾是实现空间创新所必须解决的问题。本方案通过消防性能化设计保障了空间品质，帮助设计师追求并实现空间理想（详见《超大建筑空间的消防设计》）。

除了与各个管理部门进行沟通和交流，现场与施工单位的对接需要更多的实践智慧和现场经验。在现场进行变更设计时，设计师同时面对不同层级人员，须时刻保持清醒，才能平稳地推进项目。结构体系的复杂性，造成各专业间不交圈的情况时有发生，特别是结构的斜杆与建筑通道的矛盾，虽然建筑师尽量调整通路，避开斜杆，但还是存在不能回避的通路，只能在现场进行切改（详见《结构进行时》《管线综合及内装配合》）。

施工单位、监理公司的紧密配合使得建设更加顺利，使得施工中的错漏碰缺现象降到最少。细节决定成败，在内外装修工程中，设计师用真实材料制造实际尺寸的模型来进行现场推敲，力求每个构件的尺度、质感、色彩不出偏差。制作"样板墙"的模式，使决策者、设计师、管理者的沟通更直截了当，所有材料的选择都经过现场样板墙的检验（详见《建筑因细节而感动》）。

全过程设计是一种方法、一种合作、一种合力，是所有参与人员在统一价值观指引下共同完成建筑的"整体"事件。

天津文化中心的全过程设计是在"保持城市空间秩序、延续环境文脉体系，创造充满生机活力、实现现代生活模式"的理念指导下，包括规划师、建筑师、结构师、设备师、景观师、艺术工作者以及政府部门管理人员、业主、施工、监理等在内的全体人员共同努力的结果。非常幸运的是，我们有机会在该项目中实践"全过程设计"的方法，相信它还会随着实践的丰富而不断地进化，使设计"由虚向实"的过程更真实、更完整，相信这种实践只是开始。

目录
Contents

序言

iv · 天津建造　白红对话

场所
企画

002 · 天津文化中心诞生记
010 · 向心力：活力·内力·合力　——天津文化中心城市设计
022 · 天津文化中心设计方案国际征集

空间
概念

038 · 现代图书馆建筑发展趋势
048 · 间1　——透明空间
056 · 间2　——绵延时间

技术
统合

066 · 间3　——建构空间

076 · 超大建筑空间的消防设计

094 · 全新的建筑　全新的结构

102 · 全新的系统　全新的空间

108 · 建筑因细节而感动

118 · 关于天津图书馆的内装及标识设计　——以人为本的室内效果营造

细节
执行

126 · 节点分析　实验优化

134 · 管线综合及内装配合

138 · 结构进行时

148 · 灯火阑珊处

启示
起点

158 · 富有革新精神的社会建筑家山本理显　——从"模式变革"到"理性传承"

168 · 富有工匠精神的跨界建筑师团队

170 · 一次洗礼　——合作设计

175 · 获奖·论文·出版物·科研·论坛

场所
—————
企画

天津文化中心诞生记
Tianjin Cultural Center Design Records

 陈旭

思考

　　千百年来，人类社会从聚居村落发展到现代城市，人们不断追寻着美好的生活方式，营造着理想的生活环境。纵观历经了六百余年沧桑与辉煌的天津城，其城市空间形态从设卫开始的老城厢，到依水而兴的海河沿岸租界地，再到集中延展、扩张的中心城区，一直围绕着功能性需求的商业商贸中心发展和演变，但中心城区的城市空间一直缺乏具有标志性和凝聚力的城市中心。作为直辖市的天津，酒肆有之，商铺有之，而彼时却没有一个成规模的文化设施区域，更遑论城市文化的绵延。然而，文化该如何绵延，文化中心该如何建造，并不仅仅是烧砖盖房子那么简单。

天津海河夜景

城市文化图片之海河、糖人、狗不理、租借地

文化是时间的杰作，它将时光的美感照进生活，将日常生活艺术化。如今，不少人食有鱼，出有车，物质生活上的享受要比古人多了不少。然而，却有很多人忽略了精神文化的享受。古人云："节义傲青云，文章高白雪。若不以德性陶熔之，终为血气之私，技能之末。"也就是说，我们有了体面的生活以后，更需要陶冶情操、盛赞文化。我们需要这样一个文化中心，一座活生生的、会呼吸的、会讲话的文化中心建筑群。

选址

对于我们而言，建筑创作和城市设计都不是无端产生的，城市的过往、历史和社会背景都会深刻地影响设计。这些因素犹如空气一般，设计置身其中，呼吸、成长。

与我们面临的诸多项目一样，我们此次面临的是机遇与挑战并存的复杂局面。我们期望在一个"陌生/全新"的文化中心和城市"内涵/外延"之间找到一个平衡点。于是，我们的目光落在老乐园的基地上。这片土地承载着天津人年少时的回忆，

基地现状图

周边已经建成了儿童科技馆、中华剧院等传统文化设施，再加上人们的宏愿和决心，一定可以孕育出增进交流的文化建筑群和文化公园。因为它有太多可以诉说的内容，因为回忆是一个很甜美的词汇，快乐会因过去而愈发温暖，而文化建筑常常可以成为回忆的载体。

在老乐园的基地上，我们续写每一个故事，留住每一段时光和每一个人。而恰好天津市的行政中心、接待中心、周边地区以及小白楼商业中心距离这个位置也并不远，可以与文化中心共同组成并构建强有力的城市主中心和可以承担综合职能的城市心脏。

诞生

一部历史名著之所以伟大，不是因为中心思想，而是缘于每一个生动的细节。从2008年开始，我们与国内外40余家知名规划设计及建筑设计团队，从城市设计、建筑单体、环境景观、地下空间、市政交通、智能管理等多个方面，进行方案竞赛、比选推敲与修改优化，陆续产生了共计千余个过程方案。

天津文化中心效果图

　　最终，由天津市文化中心规划设计组对总体城市设计进行定稿和把控，详细到每一个细节。文化中心设计完成后的绿化区域，仍然保留了老乐园的基地记忆，曾经的迎宾塔依旧是记忆中的模样，它们都与过去的美好相联系，是柔软的回忆。

　　我们希望将文化中心打造成一个城市客厅，一个市民愿意来的公共空间，所以，首先它是免费的，是不收费的；其次，它是开放的，不是封闭的；再者，它是与自然结合的，并不是一个主题公园，孩子们在这里能够获得发现自然的乐趣。

　　慢慢地，文化中心的形象在我们眼前清晰了起来。我们利用银河公园与乐园的绿化和湖面，形成开敞空间。从现有的大礼堂向东延伸景观轴线，在轴线底端布置天津大剧院，面向湖面，与水景相映成趣。在湖面南侧，结合保留的天津博物馆（改建为自然博物馆）与中华剧院，自西向东依次布置天津博物馆、天津美术馆、天津新图书馆，形成文化带。在湖面北侧，布置天津银河购物中心和天津阳光乐园，提供全天候的娱乐综合体。

　　古人用山水来表达人生的三种境界：第一种是"见山是山，见水是水"；第二种是"见山不是山，见水不是水"；第三种是"见山还是山，见水还是水"。在对文化中心的设计中，我们也用山水塔的寓意来表达一种融合、大气的形象。中央湖景为

天津文化中心效果图

"水"，主要的建筑群为"山"，迎宾塔则顺应了"塔"的形象，刚柔相宜，动静相生，师法自然，积极互动，形成一个有趣的动态整体。人们在其中，可以寄情"山水"，仰天俯地，用最东方的思维感受现代的文化礼遇。

在文化中心，品茗饮酒，饷食赏画，无论是味蕾的惊喜、视觉的冲击，还是漫不经心的风景，动静之间都充满文化的气息。资深的玩家品的是城市深处的故事，正如在文化中心，在有故事可讲的地方，趣味和品位是随天赋而来的。

文化中心在这样的一种希冀中诞生，人们在这里享受新的消费体验，更阅读一个城市沉淀的岁月风华。在文化中心，你可以品味、发现、感知、参与，和每一个爱文化的人一起，享受时光的礼遇。这里的每一栋文化建筑或是商业建筑都是一个神奇的小宇宙，能带给不知道的、想知道的、有关这座城市的历史文化或新鲜事物。它们会将各种展览、售卖、游历、趣味变成一个段子、一盘菜肴、一幅画作或是一道风景。

生长

文化塑造着城市的性格，天津文化中心的建成与使用如一滴水珠，波动周边地区，带起城市文化发展的涟漪。文化中心建成后，其周边规划也逐渐完成。在未来，

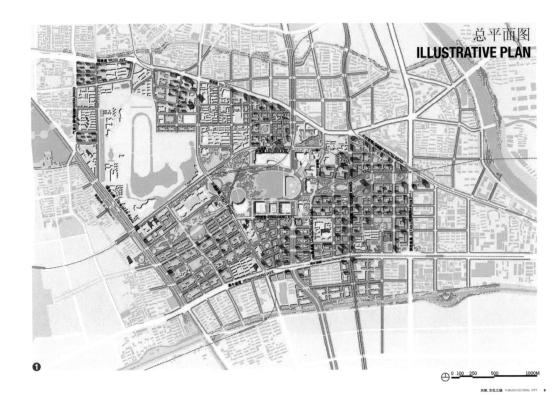

総平面图
ILLUSTRATIVE PLAN

❶ 天津文化中心总平面图
❷ 空间分析图
❸ 交通分析图

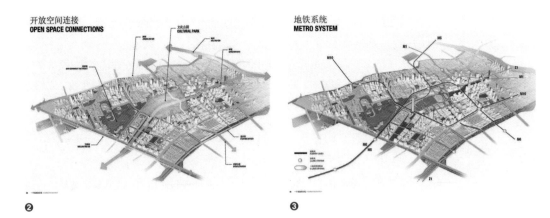

开放空间连接
OPEN SPACE CONNECTIONS

地铁系统
METRO SYSTEM

❷

❸

促成天津文化之城的长期再开发策略
A LONG TERM REDEVELOPMENT STRATEGY
TO ACHIEVE THE TIANJIN CULTURAL CITY

天津文化中心效果图

文化中心周边地区将会悄然改变模样。先是慢慢与周边的开放空间形成网络，随后慢慢延伸到周边的建筑，由文化到商业再到居住。最好的建筑艺术是从城市生活的文脉中生长起来的，并为周边的环境服务的。在建筑师和规划师的不断努力中，慢慢勾勒出一幅全新的城市图景。

未来

即使是已经建成的文化中心，在一千个不同的观赏者和使用者的心里也存在着一千种不同的理解，发生着各自的故事，正所谓诗无达诂，这种不确定性正是一个文化场所的魅力所在。文化中心从开始规划建设至今，已经历经十年风雨，也拥有更多的内涵。人们对文化中心有了越来越多的用法，有人在图书馆静默思考，有人在广场上轮滑群舞，有人在画，有人在看。 文化中心就像一个生命体，不断生长演变，面对动态的世界，以其良好的适应能力，一方面传承着城市传统，一方面推动着城市文化的传播。

向心力：活力·内力·合力

——天津文化中心城市设计

Tianjin Cultural Center of Urban Design

 侯勇军

向心力

天津的城市中心在哪里？
到底在哪里？
将来会在这里。
这里是哪里？
这里是文化中心！

当天津这座已有600年历史的城市步入壮年之时，回首当年，从设卫于老城厢，到后来沿着海河沿岸建立租界地，再顺流而下发展到小白楼，城市一直围绕着具有功能性需求的商业中心发展演变，一直缺乏具有标志性和凝聚力的城市中心。

时间来到21世纪，天津文化中心的规划建设作为城市更新中的一个里程碑式的举动，融入城市的整体发展战略之中，既起到了提升城市文化服务功能的作用，也带来了更新城市、提升凝聚力的良机。文化中心及其周边的行政中心、接待中心、八大里商务区、小白楼商务区，组成了综合性、现代化的文化商务核心区，就近拓展了原有小白楼地区的发展空间，提高了功能多样性，化解了小白楼地区的历史街区保护压力，显著提升了城市中心的公共服务功能、公共空间品质，形成了更加多元、更具向心力的城市中心。

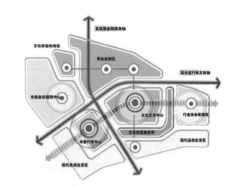

❶ 小白楼地区
❷ 城市中心规划结构图

活力

　　基于对城市功能与空间、空间秩序与场所活力、文化与生态等多重目标价值的追求，文化中心以大剧院、博物馆、美术馆、图书馆、科技馆、青少年活动中心等建筑的文化、展示、博览功能为主，辅以银河购物中心、银河广场、4条地铁线交会枢纽等的商业、休闲、交通功能。复合的功能集聚了人气，激发了活力，提升了公共空间质量，改善了城市面貌，形成了既具备功能意义也具备形象意义的标志性的"城市客厅"。

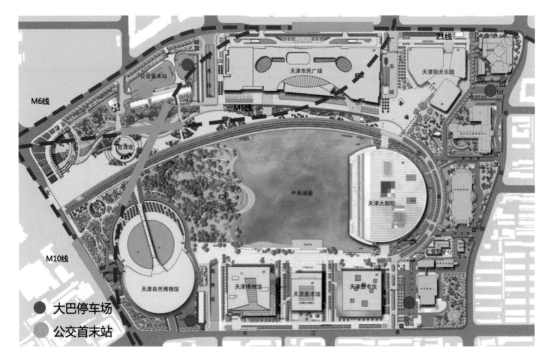

天津文化中心总平面图

作为市级文化设施，文化中心采取集中建设的模式。为了有效地拓展它的服务半径，规划了4条地铁线，包括：连接滨海新区的市域轨道Z1线，目前正在建设的承担中心城区环线功能的地铁5、6号线，以及中心城区的10号线。经过统一的地下空间规划，Z1线与5号线、10号线在银河公园地下实现三线换乘，与公交首末站、公共停车场形成综合交通枢纽，并且连通到银河购物中心、阳光乐园，方便市民换乘。借助下穿的越秀路，中心湖四周的地下车库实现了互通，并通过错时错峰使用，提高了利用率。

越秀路的下穿，为地面环境的整体营造创造了条件。文化中心空间布局最大的特点是，突破了大广场、中轴线的常规模式，以湖为核心，以水体、绿植为主进行园林式布局。弧形轴线的西端是朝向天津大礼堂的银河广场，能够举行集会、庆典、展示等活动，是大礼堂在室外的延续。弧形轴线向东延伸至大剧院，勾画出中央湖面的北侧岸线。中央湖面四周的岸线空间各具特点：北岸的城市步道与市民广场相得益

"一湖一轴四岸"景观构成

彰，充满了城市的活力；南岸的文化公园以雕塑广场为核心，弥散出艺术的气息；以自然为特点的西岸生态公园，与东岸大剧院的"城市舞台"亲水空间互为因借，彼此衬托，隐喻城市与自然的和谐共生。整体布局强调了文化与自然、建筑与环境的有机结合，营造了和谐共生的"城市客厅"、意境深远的山水城市画卷。文化中心向东拓展了由水上公园、天塔湖、接待中心形成的南部城区绿色"珍珠链"。

开放的公共文化建筑鼓励和引导公众进入，成为生机勃勃的公共场所。文化设施的布局与城市绿地、商业、交通等其他公共设施的整合联动，使得效率倍增，并且能够鼓励城市公共活动的交融，因而大大提升该地区的城市活力，实现文化建筑与城市活力的相辅相成。比如，大剧院脱离了政府负责运营的模式，采用政府委托、市场化运营的模式，每年提供至少300场演出。同时，对于高端演出，政府补贴门票，让普通民众买到5折票，通过这样的推广运营方式，既能保证繁荣的市场，又能保证演出的质量。

白房子
—
WHITE HOUSE

法桐步道与海棠步道

内力

我国的快速城市化带来了巨大的成果，也带来了一些显而易见的问题。被大众戏称为"大裤衩"的央视大楼，其建筑标签化的现象就是一个代表。它背离了基本原理，失去了理性。而文化中心规划设计所追求的理性的内力，建立在对功能、经济、技术等本质问题的关注之上，在合理的前提下追求创新，营造实用、舒适、愉悦的环境。这种理性的内力也因此更见功力，更有内涵，更有魅力。

在景观设计中强化内容建设——结合岸线、绿道、广场、林荫，划分出一系列具有人性化尺度的户外活动场所，从而控制广场尺度。最大广场的面积控制在1.2万平方米以内，建筑间距系数控制为1：2。设计中，充分考虑季节更迭、立体植栽、软硬场地等因素，带来多样化体验与感受。

通过总结和比对国内外著名的城市中心与一流的文化场馆，在功能定位、环境氛围、建筑品质、展示收藏、视听效果、照明效果、数字化管理以及公共服务管理等方面建立了108项技术指标，作为基础的指标比对体系，通过对比、参照高水平的案例，使设计的成熟度获得了全面提升；并对每一个文化场馆设立了特定的指标要求，比如努力使大剧院的音响设计与视线设计达到国内和国际上的高水平。对于音乐厅来

生态水系统示意图

说，最重要的是音响效果指标，因此所有墙面和细节都围绕着这些硬性目标来设计。而在歌剧厅则追求具有最佳视线效果的座席布置，在1600个座席当中，有93%以上的视距小于33米，最远点的视距为34.6米，保证了70%以上的座席拥有极佳视线。

在设计中采用了多项生态技术以及各种成熟的综合技术，如可再生能源规模化利用、综合蓄能调控、光伏发电等，为项目品质提供了充足的技术保障。中心湖的规划设计就是技术应用的一个综合体现，它既是景观的象征，也是技术的集成、自然与人工的联系，又是技术与艺术的结合。在湖面设置了音乐喷泉，起到了画龙点睛的景观作用。在湖底敷设了3789个地源热泵系统换热器，通过3个集中能源站，为整个100万平方米的建筑提供冷热源，是国内规模最大的可再生能源规模化利用项目，每年可节约标准煤约9000吨，减少二氧化碳排放量23000吨，减少二氧化硫排放量200吨。

中心湖湖水容量16万立方米，在其中规划设置了生态水系统，包括雨水收集调蓄防洪与湖水循环净化系统，通过雨水收集来调蓄防洪系统。大部分雨水经过初期净化、储存后作为优质水源排入中心湖，使得每年可利用的雨水量达到10万立方米。对于暴雨时出现的大量富余水，可以通过雨水模块以及中心湖的滞留作用，错开降雨高

❶ 大剧院歌剧厅
❷ 和而不同的文化建筑

峰排入市政管网，从而达到防洪作用。为了保障水质，采用了湖水循环净化系统，采取了生物净化、物理过滤、强化除磷等净化方法，进行循环处理。其中，生物净化群落是确保净化功能的关键，能够保证水质控制在三类以上标准，从而实现水资源的循环利用。

多团队联合工作

合力

吴良镛先生在《北京宪章》中提到："在现代发展中，规模和视野日益加大，建设周期缩短，这也创造了机会，把建筑、景观、城市规划统一起来，实现三位一体。"

天津文化中心为此提供了机会——通过全过程规划服务模式，促进了规划完成度、专业整合度与高质量建造的实现。规划团队全力投入设计全流程与建造全过程，加强规划的统筹作用，组织建立了包括方案征集、设计师联席会、设计例会、规划师巡查、施工现场协调会在内的工作机制，形成了开放的交流平台，在40余家设计单位之间，实现了协同工作。

在方案设计关键阶段的半年期间，每隔10天至15天，召开多国设计团队参加的设计师联席会，从室内、室外景观方面进行讨论，这是对横向城市设计的把控，以及对纵向建筑设计的把控，使规划师、建筑师、景观师、艺术家、工程师很好地把握，实现整体性、协同性。面对城市，无论是院士还是大师，都放低了身段，成就了一段"和而不同"的佳话。何镜堂院士后来提到："为了整体协调而付出的努力比博物馆设计本身还要多。"

此外，通过对总体格局、开放空间、界面处理的整体组织，实现了空间形态的连续性。通过对铺装、绿植、灯光、标识、城市家具等要素的全面把握，实现了环境、景观的一致性。在建筑形式方面，通过对建筑尺度、退线、风格、色彩、材质的整体把握，实现了建筑形态的协调性。

白房子
—
WHITE HOUSE

天津文化中心设计方案国际征集

Tianjin Cultural Center International Collection of Design Proposals

 崔磊

为高水平、高起点地做好文化中心规划设计工作，从2008年5月份开始，先后组织实施了文化中心区域城市设计方案、单体建筑设计与环境景观、雕塑、标识、喷泉、夜景照明等方案的国际征集、专家评审、方案优化等工作。通过调研、交流与评估，有的放矢、精心挑选出具有类似项目的丰富设计经验与成功案例的设计单位参与方案征集工作。历经一年多的时间，共邀请到40多家国内外一流的设计单位，征集到200多个设计方案，进行了20多轮的深化完善和方案优化工作。

项目背景

在中国由南而北，从珠三角、长三角再到京津冀地区逐级发展的战略中，天津把握了前所未有的机遇，正在成为带动中国经济发展的第三级、北方经济中心以及宜居生态城市。经济高速发展的同时，天津更需要加强文化建设，更需要凝聚力量，为城市的发展挖掘潜力、拓展空间、增加后劲。纵观天津600多年的历史，一直围绕着商业商贸中心而发展和演变，但一直缺乏标志性的城市中心。随着天津的经济和社会发展取得显著成效，为体现城市发展定位，完善城市文化服务功能，提升城市形象与活力，2008年，天津市委、市政府决定规划建设天津文化中心。

征集过程

天津文化中心的选址位于城市中心南部原儿童乐园的位置，通过规划，将其与天津市行政中心、接待中心及周边地区，以及小白楼商业商务中心共同组成并构建城市主中心，承担综合职能。天津文化中心总用地面积约为100公顷，总建筑面积约为

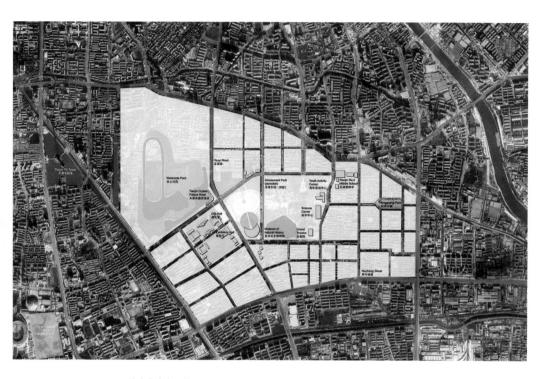

天津文化中心区位图

104公顷。

　　在整个设计过程中，通过召开规划联席会、协调会，建立开放的工作平台，实现规划师、建筑师、景观师、工程师、艺术家等设计工种之间的协同工作、整体设计，将高水平规划延伸到施工图设计阶段与建造阶段。为了保证设计方案优中选优，邀请了包括20余位院士、大师在内的著名专家，组成咨询委员会，对征集方案进行了多次评选。专家一致认为，天津决定规划、建设文化中心，具有战略眼光，通过国际征集进行高水平的设计方案比选，使天津市文化中心项目的规划设计达到了国际先进水平。

❶ 天津文化中心总体平面图
❷ 天津文化中心总体鸟瞰图

❶ **总平面图**
　莱茵之华设计集团有限公司方案（第一名）
❷ **鸟瞰图**
　莱茵之华设计集团有限公司方案（第一名）

总体规划设计阶段

2008年5月：文化中心区域城市设计方案国际征集（第一阶段）

项目用地面积：约为5.85平方公里。

四至范围：东至解放南路，南至黑牛城道，西至紫金山路与气象台路，北至前
进道。

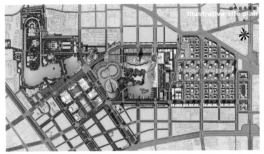

总平面图
天津市城市规划设计研究院方案（愿景公司方案）

鸟瞰图
天津市城市规划设计研究院方案

总平面图
GES（芬兰）、天津博风建筑工程设计有限公司方案

鸟瞰图
GES（芬兰）、天津博风建筑工程设计有限公司方案

总平面图
法国夏邦杰设计事务所方案

鸟瞰图
法国夏邦杰设计事务所方案

总平面图
现代设计集团华东建筑设计研究院有限公司方案

鸟瞰图
现代设计集团华东建筑设计研究院有限公司方案

总平面图
株式会社山本理显设计工场、天津市城市规划设计研究院方案

鸟瞰图
株式会社山本理显设计工场、天津市城市规划设计研究院方案

2008年12月："天津市文化中心城市设计暨大剧院、博物馆、美术馆与图书馆单体方案设计"的国际竞标（第二阶段）

在城市设计方案深化完善之后，相继开展了大剧院、博物馆、美术馆与图书馆四个项目的建筑设计方案征集工作，共邀请到16家国内外一流的文化建筑设计单位参与设计，并邀请到齐康、关肇邺、彭一刚等3位院士和著名专家，作为委员进行评审。专家一致认为：选择在这样一个地方建设天津的文化中心，是具有战略眼光的，对于提升天津的城市形象和城市的长远发展都具有重要的意义，特别是通过国际征集进行高水平的设计比选，使得这个项目的规划设计达到了国际一流水平。

按照竞赛任务书要求，各设计单位在提交建筑设计方案的同时，需要提交文化中心整体区域规划设计方案，以期更好地完善文化中心规划设计。以下是设计单位提交的方案。

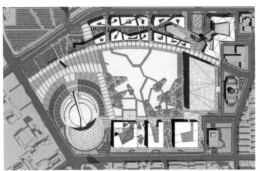

总平面图
铂金斯+威尔建筑设计事务所、天津华汇工程建筑设计有限公司方案

鸟瞰图
铂金斯+威尔建筑设计事务所、天津华汇工程建筑设计有限公司方案

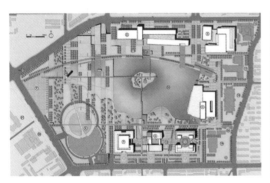

总平面图
铂金斯伊士曼建筑事务所方案

鸟瞰图
铂金斯伊士曼建筑事务所方案

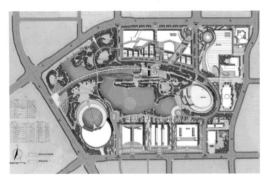

总平面图
同济大学建筑设计研究院方案

鸟瞰图
同济大学建筑设计研究院方案

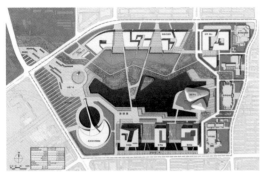

总平面图
华南理工大学建筑设计研究院方案

鸟瞰图
华南理工大学建筑设计研究院方案

总平面图
AREP 设计公司方案

鸟瞰图
AREP 设计公司方案

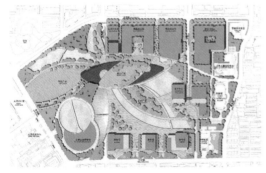

总平面图
佩里·克拉克·佩里建筑事务所方案

鸟瞰图
佩里·克拉克·佩里建筑事务所方案

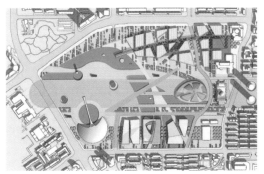

总平面图
德理建筑设计公司方案

鸟瞰图
德理建筑设计公司方案

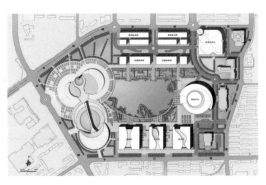

总平面图
RSP建筑设计公司、天津大学建筑设计研究院方案

鸟瞰图
RSP建筑设计公司、天津大学建筑设计研究院方案

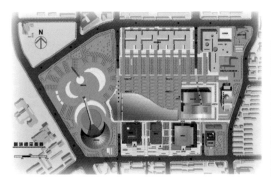

总平面图
浙江大学建筑设计研究院方案

鸟瞰图
浙江大学建筑设计研究院方案

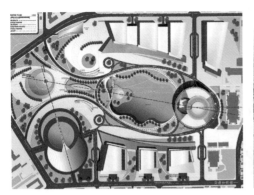

总平面图
OTT/PPA建筑师事务所、天津市建筑设计院方案

鸟瞰图
OTT/PPA建筑师事务所、天津市建筑设计院方案

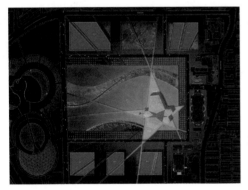

总平面图
HPP国际建筑规划设计有限公司方案

鸟瞰图
HPP国际建筑规划设计有限公司方案

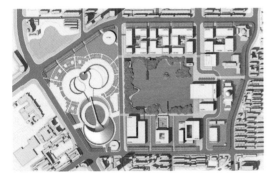

总平面图
KSP 尤根·恩格尔建筑师事务所方案

鸟瞰图
KSP 尤根·恩格尔建筑师事务所方案

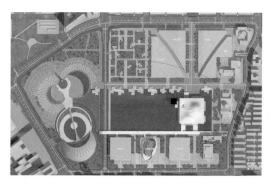

总平面图
株式会社矶崎新工作室方案

鸟瞰图
株式会社矶崎新工作室方案

规划方案公示及意见征集

为使广大市民了解并支持天津文化中心规划建设，充分调动广大市民参与规划的积极性、主动性和创造性，进一步激发社会各界热爱天津、建设天津的热情和干劲，进行了为期7天的天津文化中心规划设计方案公示活动。同时，在天津市规划展览馆开辟专门展厅进行模型及方案展示，广泛征求全市人民的意见和建议。

2009年6月，通过报纸、广播、规划展览馆等公共媒体，就规划设计方案向全市市民与社会各界广泛征询意见，邀请人大代表、政协委员、文化艺术界的专家学者召开座谈咨询会，收到并汇集、整理了2000余条建设性建议，将其纳入规划设计方案之中予以落实。

社会反馈

2009年6月3日至12日，《天津市文化中心规划设计方案》通过新闻媒体宣传、规划展览馆展示、人大代表和政协委员座谈会、专家座谈会等方式，向全市人民征求意见。本次活动在天津为首次开展，在国内亦十分罕见，引起了海内外媒体的广泛关注，得到了社会各界的热烈反响。公示期间，除国外的德国《法兰克福日报》、法国《加莱大区报》、新加坡《联合早报》外，还有国内的《香港经济日报》、新华网、人民网、新浪、网易、凤凰网等数十家媒体，以及城市规划网、景观网、ABBS建筑论坛等规划设计行业网站，都从不同角度进行了报道。

公众参与

公示期间，广大市民反响强烈，通过信件、电话、现场投递、电子邮件等多种方式踊跃参与。同时，还分别邀请多位专家学者、部分市人大代表和市政协委员进行座谈，充分征求社会各界的意见和建议。

《天津市文化中心规划设计方案》参观总人数为3万余人次，共收到信件和电子邮件1607封、电话1337个、现场留言1210个，专家和人大代表、政协委员座谈会意见51条。市民满意度问卷调查数据显示，61%的市民表示非常满意，25%的市民表示满意，10%的市民表示基本满意，4%的市民表示不满意。

表1　意见分类表一（按来源）

来源	现场留言	电话	电子邮件	来信	合计
意见数量	1210个	1337个	1593封	14封	4154个

表2　意见分类表二（按专业）

	规划布局	交通市政	环境景观	建筑单体	周边环境及其他	合计
意见数量	623个	1248个	1121个	498个	664个	4154个
所占比例	15%	30%	27%	12%	16%	100%

成果告知

对于老百姓、人大代表、政协委员、专家学者和广大市民提出的每一条意见建议，我们都认真梳理，逐条研究，充分吸纳，在此基础上进一步地修改完善设计方案，充实到规划成果中，争取以高水平的规划成果向市委、市政府以及全市人民交出一份满意的答卷。

　　例如，有专家和市民建议，景观设计要体现出生态理念。针对该意见，在随后启动的景观设计工作中，将生态的理念贯穿到整个设计工作中，采取了可靠可行的生态技术，充分考虑人工与自然的有机结合，形成了拥有尽可能多自然元素的景观区，营造了一个以文化、生态为主题的具有天津文化特色的"城市客厅"，弘扬了城市生态文明，在生态城市建设中发挥了示范作用。

定稿方案

　　来自天津市文化中心规划设计组、天津市城市规划设计研究院

❶ 整合后的建成方案
由天津市城市规划设计研究院
实施完成

❷ 规划鸟瞰图

❸ 地下空间规划平面图

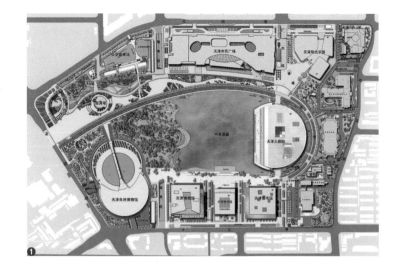

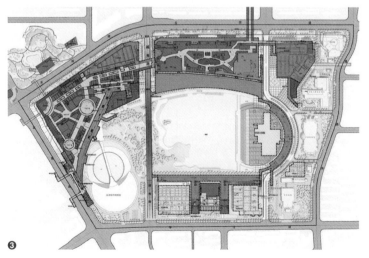

空间
——
概念

现代图书馆建筑发展趋势

The Development Trend of Modern Library Building

 文 陆伟伟

前言

　　图书馆是专门收集、整理、保存、传播文献并提供利用的科学、文化教育机构。我国图书馆于封建社会的藏书楼开始，有数千年历史。相对西方国家而言，公共图书馆却起步较晚，进展缓慢。图书馆是西方国家非常重视且普遍存在的建筑类型，大到国家，小到社区，各种形制和规模的图书馆应有尽有，形成了社会图书馆体系，是使公民获得教育、文化获得传承的重要场所。随着我国城市化进程的加快，文化建筑被视为城市文化符号的重要代表，作为"文献信息中心"、"城市客厅"的公共图书馆，自然成为完善城市基础设施而发展建设的重中之重，针对图书馆各个层面、角度的研究也不断增多。

一、国内外重要相关文献和理论基础：

1. 国内相关文献

　　关于图书馆建筑的文献包括：鲍家声教授主编《现代图书馆建筑设计》、李明华先生著《图书馆建筑设计》、吴建中先生著《21世纪图书馆新论》，以及伴随每四年举办一次的海峡两岸图书馆建筑研讨会出版的《图书馆建筑论文集》。这些论文集和著作，内容涉及大学图书馆和公共图书馆的空间和环境设计，以及图书馆管理。

❶ 山东聊城海源阁藏书楼
❷ 加拿大魁北克雷蒙德图书馆
❸ 埃及亚历山大图书馆
❹ 上海浦东图书馆

2. 国外相关文献

国外针对这一领域的文献相对国内要先进和丰富得多，最著名的当属FLA/UN-ESCO于1972年制定并于1994年修订的《公共图书馆宣言》。它被称为世界公共图书馆的最高纲领，已译成20多种语言，对公共图书馆的发展影响巨大。而对《宣言》做出进一步解释的《国际图联、联合国教科文组织：公共图书馆服务发展指南》犹如实施细则，从管理者的角度出发，对选址、规模、服务人群、功能设置等方面提供了诸多建议，并附有大量优秀图书馆建筑实例。近年来的译著主要为公共图书馆优秀实例介绍，如马克尔·J·克洛斯比的《现代图书馆建筑》、迈克尔·布劳恩的《图书馆建筑》、拉尔夫·E·埃尔斯沃思的《大学图书馆建筑》。这些书籍对20世纪末建成的公共图书馆和大学图书馆做了详细的介绍。

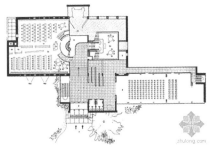
平面图

采光天窗草图

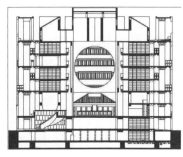
剖面图

室内透视

内部透视

内部透视

维普里市立图书馆

二、现代图书馆发展历程回顾

现代图书馆的发展分为两个阶段，即20世纪初的现代工业城市图书馆和20世纪末的后现代都市空间图书馆。

1.20世纪初的现代工业城市图书馆

发达的工业文明使图书馆成为城市文化教育设施中不可或缺的重要角色，管理模式由闭架逐渐变为开架，人们可以更加接近书籍。这一时期的图书馆建筑也产生了固定模式——模数式图书馆：统一柱网、统一层高、统一荷载，简称"三统一"。为避免浪费，平面布局、层高和荷载模数都是计算好的，作为标准模数尺度，建筑平面尺寸的大小、层高及荷载分别是相应模数的整数倍。

美国西雅图中央图书馆

其中，阿尔瓦·阿尔托设计的维普里市立图书馆和路易斯·康设计的埃克塞特图书馆作为经典案例，在城市图书馆发展进程中有着极其重要的地位。

2. 20世纪末的后现代都市空间图书馆

伴随着信息时代的来临，电子信息技术和全球网络化趋势使得传统图书馆不再满足社会发展的需要，其模数式的缺点也开始显现：空间缺乏多样性，外形缺少变化，能耗高，最重要的是无法适应读者需求的多样化和多变性，人们迫切需要新的图书馆来满足社会发展的需要。

时值现代工业技术文明向后现代人文精神文明转变，文化在社会发展中的作用日益凸显，人们在信息爆炸和网络空间中缺失的是人情化和真实的情感体验。新图书馆需要解决如何构建满足人们文化情感的场所，需要应对信息爆炸和图像泛滥的大众传媒社会带来的各方面挑战。

其中，以库哈斯设计的美国西雅图中央图书馆为主要代表。这座建筑自设计建成以来，被奉为教科书式的经典建筑，其功能分布、空间组织、造型设计，均引领了时下图书馆设计的潮流。

这座建筑的功能分区，如下图所示，形成了图底关系，左边是藏书空间，右边是服务空间，两个空间互相错位。

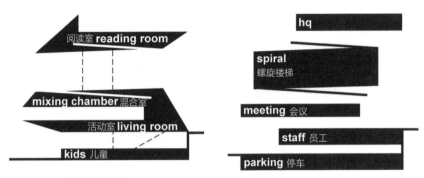

西雅图中央图书馆功能分析图

这座图书馆根据每层的属性来确定功能的顺序，从下至上分别为停车区、公共空间、信息区、收藏区、行政区。顺序理顺之后，再将这些功能在水平方向移动。

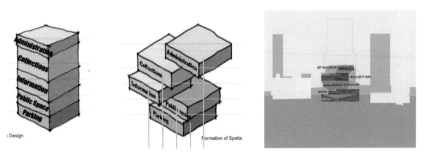

西雅图中央图书馆功能分析图

在造型上，大量采用悬挑结构，在建筑外观创造阴影空间。在建筑内部也避免了阳光的直射。同时，有效减小建筑的体量，城市景观视线便可以通透。

西雅图中央图书馆采用了新的图书分类方式，把书分为虚构的（fiction）和非虚构的（no fiction）两类。整个螺旋上升坡道式书库利用杜威十进制图书分类系统，按书号顺序，从"000"到"999"依次排列。沿坡道形成连续的束书带，取消了单独分隔的书库。除小说以外的所有书籍都被陈列在一个空间内，所有人都可以在同一个空间内阅览书籍，在书库的各楼层间任意穿梭。

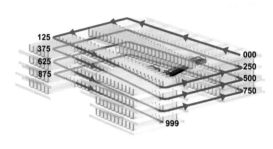
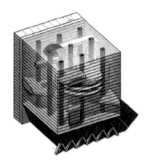

藏书系统

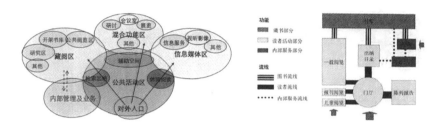

新老图书馆功能变化对比图

此外，大胆运用色彩，形成丰富多变的空间；采用鲜明的纯色配以曲线的形式，营造神秘的氛围，具有很强的引导性和划分空间的作用。

三、当代图书馆的发展趋势

"现代传媒的伟大，不仅仅在于技术，更在于内容本身的超越和想象结构的重组。阅读革命所酝酿的，将是人类史上前所未有的文明大裂变。"这段出自《当代阅读宣言》的美好愿景，是公共图书馆建筑发展的一剂强心针。作为文化建筑的代表，图书馆常常被作为标志性建筑进行设计和建造。大到城市，小至社区，公共图书馆都是公众文化生活的主要场所，与市民基本精神需求息息相关，其发展趋势主要体现为以下几点。

1. 公众需求

公众的热情不仅体现在对新建图书馆的渴望，还体现在现有图书馆使用率的提

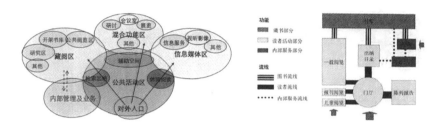

高。在双休日，新馆、旧馆均座无虚席。这就对馆舍建设提出了更高的要求，开放时间、布设地点、室内环境都要与时俱进，以便适应民众的需求。

2. 功能转变

随着图书馆功能向多样化发展，设计中改变了以书库为中心的布局方式，注重利用文献信息空间，建筑功能也在藏、借、阅的基础上向着"城市第二起居室"、"文化宣传中心"、"学术交流中心"等多样化功能衍生。

3. 建造技术

新材料、新结构、新构造、新设备等方面的发展，直接影响到建筑的空间形式和外部形态。绿色生态技术的进步，使得注重环保的理念深入人心。公共建筑是城市能耗大户，公共建筑设计在节能设计领域产生了很多优秀成果。

4. 审美观念

当代社会，建筑的形式、审美理念以及理想信念，都受到了新的检验。当代图书馆设计在继承传统经典美学的基础上，结合当代信息社会相关经验和现象产生了新的阐释，引发出新的建筑形式，形成了独特的文化建筑形象。

5. 数字技术

在数字技术的应用方面，并非简单地在已有模式中发挥计算机的作用，而是创造新模式来适应数字化技术，进行多功能信息处理，并且广泛开展情报服务，使得跨地区的馆际协作更加普遍。当前，区域图书馆、数字图书馆的概念已经得到普及。

6. 人本关怀

人性化理念日益深化，不断变革，在图书馆领域体现为"馆舍-书籍-读者"三个重要主体之间的关系。其中，读者无疑是需要首先考虑的要素，一切均要围绕着读者的使用需要和文化归属来进行。

四、公共图书馆建筑设计方法研究

图书馆的内涵在变化，对设计理念也提出了新的要求：一方面要优化内在机能，另一方面要满足多元化的使用需要。因此，必须努力探索新的设计途径和方法来实现传统功能之外更多的衍生功能。

1. 使用功能调整

随着人文发展和现代技术的更新，图书馆功能产生了全新的变化，在传统借阅功能的基础上，融合了各种休闲、便民、教育和社交功能，公共交流空间所占比例呈上升趋势。

（1）公共区域与传统意义上的有所不同，不单指报告厅、展览厅等大空间，而且融合了各种辅助功能。便于读者咨询、休闲、交流、进行文献检索的广场性空间，

多与入口结合设置，位于建筑底层，与城市紧密相连。

（2）主体藏阅空间演化成三大区域——开架阅览区、信息媒体区和混合功能区，形成多核心的构成形式，影响着馆内空间的分配和读者的行为模式。

（3）交通组织在不同功能区间的引导上起着至关重要的作用。合理的交通布局能产生步移景易的效果，并能恰当地分割功能区间，降低相互影响，增加引导性和识别性。

2. 设计手法创新

设计手法的创新一直是建筑大师最乐于探索的领域，其发展速度远远领先于建筑功能的变化。

（1）由单一功能向多种功能发展，积极加入信息服务产业，不仅满足了借阅要求，也满足了教育、文化及娱乐等需求，同时加强了情报职能和对文献信息的开发力度。

（2）结合智能化的发展趋势，从整体出发，将计算机技术、通信技术、控制技术与建筑技术有机地结合起来，为读者提供高效、便利、快捷的建筑环境。

（3）追求艺术性，具有文化气息、地方特色、民族特点，将经典幻化成触手可及的实物，让读者切实感受到经典的权力与威严、真实世界的生动与活泼。

（4）重视规划布局，利用自然采光和通风。采用规则平面，减小体型系数。因地制宜，选用高性能保温材料。合理布置绿化，改善室内外空气条件。通过以上措施，以达到节能环保的目的。

（5）注重自然环境的影响和在其中进行各种活动的人的影响。由于图书馆是长期有大量人员滞留的场所，设计应以人为本，努力创造健康舒适的阅读和工作环境。

结语

图书馆研究是建筑设计、图书馆学及情报管理等学科的多理论交叉领域。该领域创新性的研究视角，是结合读者的基本需求和管理者的角度看图书馆的变化。随着后媒体时代的来临，以借阅为主要功能的传统图书馆结合城市的发展，在功能定位上的概念外延到了整个文化产业范畴，甚至延伸到了商业娱乐范畴。新的衍生空间随即应运而生，且注重人本关怀。在文化和商业结合功能发展成熟的阶段，多义性空间的诞生为不确定的未知功能和其所具有的复杂性提供了解决思路。这种功能的集群统筹、有机更新和多项整合，代表了图书馆未来趋势的最主要变化。

间1——透明空间

The Spatial Transparency

 赵春水

现代图书馆的功能已经从传统意义上的图书借阅、整理、修编、研究等快速转变为信息交流和知识传播。天津文化中心图书馆的设计目标拟定为——营建一处适应现代信息交流需求、能提供开放流动空间、满足读者视线、能够自由交往的场所。为实现该目标，我们提出了"空中庭院"的设计概念，意在图书馆中通过功能整合分类，运用平面分区设定、竖向分层限定、空间分形界定等手法，构筑不同空间场景，从而强化空间的公共属性、开放属性和交流属性。

走进天津图书馆，五层通高的空间清晰、明确地呈现在读者面前，南北的落地玻璃幕墙使内部轴线强化的同时，将建筑内外融为一体。在首层大厅中，读者视线可以不受任何阻隔地触碰到各个区域。尤其在问讯处，读者可以自主辨明利用区域的位置，并自主选择到达的路线，充分开放的设计能让读者体验到前所未有的便捷性与直观性。

同时，位于各个区域的读者，在开阔且通透的空间中，能感知光线的自然变化和人流的聚散。特殊空间的设定，引发读者不断思考并认知空间，不断修正空间中自我存在的位置。天津电视台"时代智商"主持人杨帆在此采访时，从一个非建筑专业的媒体人的角度提出：图书馆带给读者不一样的空间感受，让读者无意间接受现代空间的启蒙、教化，引发普通人对空间的关注与思考。

希格弗莱德·吉迪恩的《空间·时间·建筑》一书自问世以来，对空间和人的讨论已经成为谈论建筑时最正当、最合法的议题。本书下篇就图书馆的时间绵延性进行了论述，本文拟就图书馆中空间的透明性进行分析。

❶ 亨利·马蒂斯，水彩画
❷ 天津图书馆自习室

　　现代建筑空间的表达，受立体派绘画的影响深远。1904年，塞尚完成晚期的作品《圣维克多山》，画中存在一种强调高度的正面视点和对深度元素的抑制，前景、中景、近景由此被压缩到一个明确扁平的矩阵之中。画面表达出正面性、抑制深度、压缩空间……对空间的压缩被网络进一步强化。

❶❷ 希格弗莱德·吉迪恩与他的著作
❸ 保罗·塞尚，《圣维克多山》
❹ 巴勃罗·毕加索，《三个音乐家》

又如巴勃罗·毕加索的《三个音乐家》，用强硬的轮廓线来确定金字塔形构图，轮廓线特别肯定且独立于背景，以至于使观者产生"透明的图形位于深度空间之中"的感觉，随后由于画面没有深度，又迫使观者调整并修正其感受。

可以说："没有立体主义与抽象艺术影响，就没有现代建筑。"乔治·科普斯在《视觉语言》中写道："当我们看到两个或更多图形层层相叠，并且其中每个图形都要求属于自己的共同叠加部分，那么我们就遇到一个空间维度的矛盾。"为了解决这个矛盾，我们必须设想一种新的视觉属性。此时，这种图形被赋予透明性，即它们能互相渗透，不在视觉上破坏任何一方，透明性不单是视觉特征，更暗示广阔的空间秩序。

柯林·罗依据立体绘图、现代雕塑、格式塔心理学等，对渗透性概念的发展进行比较，提出从透明角度解读现代建筑的观点。柯林·罗的透明性分为实际透明与现象透明。实际透明是指建筑材料本身具有的透光性能，是材料的物理现象；现象透明是指利用空间层次，通过感知理解空间。实际透明是一种物理现象，现象透明暗示一种更广阔的空间次序，显示深层结构。

透明性的运用使建筑从紧身衣一样封闭的墙体中解放出来，并开始流动。透明性展示了一个全新概念，建筑中的透明性将绘画中的暗示转化为三维中的实际表现，从而使建筑中的透明性成为一种物质事实，使对建筑空间的理解与实践进入一个新领域。密斯·凡·德·罗的巴塞罗那德国馆用四维分解法将立方体各个面分解，并使之

❶ 密斯·凡·德·罗，巴塞罗那德国馆
❷ 勒·柯布西耶，加歇别墅

独立出来，每个界面都分属两个以上空间，在建筑中无法找到一个完整的空间中心及区域，这种视觉的偏移感使心理上产生不稳定性，暗示着空间的流动性和开放性。引导不同纬度的空间互相叠合，呈现出柯林·罗所定义的现象透明的特质。

　　勒·柯布西耶的加歇别墅也表现出外部形态与内部空间组织秩序的逻辑相关性或差异性。以上两例现代建筑大师的作品的共同特点是，不仅在外表有实际透明性，在其空间内部更展现出现象透明性在建筑设计中的存在及发挥的重要作用。

　　建筑的透明性在空间表现中越来越受到重视，但其视觉特性被标榜的同时，批判的声音也不断响起。透明性毕竟是作为感知来表达的，不同观者的感受影响其客观性评价。关于人的感知共同性的讨论，在对城市优劣进行比较的《城市意象》中，作者对图像进行了抽象简化，使结论显得过于简陋，但足以证明人的基本感知的共同性和可归纳性。希格弗莱德·吉迪恩将时间－空间观念引入建筑学，他试图构建一条线索来描述现代建筑。在他的观点中，同样离不开人的感受。在二者的理论中，观者的主体地位及客观的透明性被预先假定，在城市中，通过街道可以理解街区，天空轮廓线可以帮助认知城市；时间的介入也与透明性假定密不可分。

　　人的主体性在二者的理论中得到充分肯定，即城市或空间的认知是，依赖于观者的视觉体验的同时，经过观者头脑加工之后产生的总体印象，其中视知觉的空间认知主体地位毋庸置疑，但观者头脑对视觉对象的加工是空间意向的直接生产者。

图书馆内景

在天津图书馆中，各层平台按照预先设定的10.2米×10.2米网格，呈模数分区组合，平台大致呈现依中央南北轴线逐层后退的形式，但并不是东西两侧有规律地同时收进或突出，而是结合功能需求、空间限定的需要进行自由布局。通过对唯一的空间限定构件——墙体的精心设置，利用悬挂、挑出等结构手法，对空间进行有节制的界定。当面对这些表面看来任性而为的一切时，理性提醒并决定着这种存在位置的归属，这就在不知不觉中建立了一个合理的空间次序。空间的透明性引导人们去观察，去努力把握，然后分析，使空间感知由单纯的感性体验转变为理性分析，这种空间学习的手段与结果使观者可以穿过假想的世界而继续迈进。

轴线暗示与各个层状空间的分别界定，引导着读者在大厅中领略各自空间展示的视觉张力。二层阅览平台在南侧突出于同侧墙面所在轴线，真实地占据了轴线的中部空间，它对轴线空间的占压强化了它的位置。它后侧的内部开敞空间将视线引入被书架铺满的藏阅一体区域，其水平展开对轴线的挤压与二层平台上部直达屋顶的高度，使南北水平发展轴线空间、竖向阶梯状垂直空间与东西层层深入平台空间在平台处交汇并互相联系，使平台成为流动空间的起点。

　　在首层的西北侧，有一个通向二层的楼梯，在二层有一个平台与其连接，二层以上是一个两层高、由三面围合墙体组成的框架。其在空中限定了下部楼梯的位置，同时为经下部楼梯到达上部区域起到指示作用。框架的设定将楼梯与平台在二层相连接的做法在三层空间中赋予提示，透过竖向的框景以及水平向平台的展开界定了领域。这样使空间在观念上被重新划分，平台与楼梯的距离被拉近了。

　　在二楼的中文杂志阅览平台上向大厅回望，视线产生了3层穿越。第一层是在三层楼的一道片墙，分隔了大厅空间与阅览空间，第二层是对面影视阅览区域的平台空间，第三层是影视阅览区域之后的天窗部分。视线不受阻碍地穿过三重空间，尤其是在第一层与第二层之间，能感受到光线从天窗泻下，照进大厅，更增加了空间-时间维度。预测的景深与实际的反复比较让人感到空间被压缩并变远了。这种空间维度的矛盾，被自我的视觉判断反复纠正、调整，同时引发对空间透明性、变幻不定的持续解释。

　　天津图书馆中大量的通透空间，给透明性的产生和营造提供了丰富的素材。同

时，允许不同平面间的悬停关联以及某种程度的叠合，也引发了透明性的产生。在围绕中庭空间层层展开的各层平面中适时选择镂空平面，形成局部上下通透的空间，并于中庭空间相连接，产生许多偶然的视线通透，即随机的通透性。这种完全没有预设的透明性，使空间的趣味性得以彰显。每层平面就其自身而言都是不完整的和片断化的，但整体的平面通透性与空间透明性是完整并且真实而自然的。

如同文章开始所提及的，天津图书馆空间的透明性随开放公共空间的营造而逐渐显现。随着现代建筑当中空间的流动性、开放性成为空间创造的共识，空间的透明性就成为其又一共同属性。对透明性的追求成为空间创造的共识性概念，但透明性不同于其他属性，是依靠视知觉及视感觉并经过头脑加工、处理之后的产物，正如柯林·罗所言，"透明性并不能成为检验建筑正统性的石蕊试纸，它只是一种处方，只是一种思维方式及演化的设计方法。"

间2——绵延时间

The Stretch Time

 赵春水

难得的一段安静的时光静待"时间"，图书馆"空中庭院"的概念实践在时间的生活属性的语境下被重新体验，对时间的记忆与感知在摆脱重力束缚的自由空间中连续绵延。空间的流动与时间的绵延同步发生，空间的伸展与压缩为时间的延绵提供感受的依托，时间的连续为空间的流动提供最真实的体验，时间与空间被记忆维系着相伴而行，空间流动与时间绵延如影随形，相得益彰。

一个周三的下午，我与一位业内的朋友相约在天津图书馆见面。选在图书馆见面的原因有两个，一是图书馆离我工作的地方很近，步行可达；二是图书馆空间由我们设计并参与建造，我很喜欢。

中午吃过饭，天气格外清爽，难得的蓝天白云引导着我走向室外，穿过文化中心的公园绿地来到图书馆。该公园常被看作设计院职工中午放松、散步的最佳场所。虽然约定的见面时间是两点半，我在一点就到了图书馆。正好借此机会一个人静静地与它相处一时半刻，最近太忙，有很长时间没来看它了。

图书馆内部依旧非常温暖舒适，地板新风系统经过三个采暖期的考验，一切正常。冬日暖阳从天窗斜洒下来，通过窗户百叶的投影刻画着时光的流逝。我选择了常坐的位置——图书馆东南侧二层平台靠近大厅一侧，坐在这里可以俯视大厅并眺望上层平台。由于是工作日的下午，借阅的读者相对少了许多，熟悉的静谧空间迅速打开了我的思绪。就在刚才，窗子在墙的转角处的投影有了一些移动，由直线变成了折线，而且变深变长了……

❶ 图书馆内景
❷ 时间维度

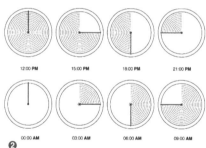

时间维度

　　自从爱因斯坦的相对论被社会广泛接受之后，时间的自然属性就不再被人们所重视。人们一谈论到时间，就会想到时间的相对概念。当光速超过每秒30万公里之后，时间就会静止，甚至倒流，想象空间也会出现被压缩的现象。这个概念赋予关于时间、空间的思考以无限可能性。但真实的时间具有自然属性、生活属性和社会属性。其中，时间的生活属性对于创造现实空间更具有指导意义。时间的自然属性是指时间可以用钟表等计时工具来记录其像流水一样自然流逝的状态。孔子"逝者如斯夫，不舍昼夜"表达的就是这种状态。自然属性虽不由主观因素所左右，但人类对于时间的描述却无不与其给予人类的体验相关。

时间的进程常通过视觉、听觉、触觉等感观体验影响人类对时间的判断，其中基于视觉体验以及在头脑中的加工思考而理解的时间与空间如影随形。所以，时间的生活属性更为空间创作所关心。时间的社会属性描述的是社会共同的节律与规则。在这样的规则下，资本发挥着巨大的作用，马克思对此已有充分论述。

时间记忆

朋友来电，称车堵在路上，稍晚些到。正好可以静下心来，有时间想想"时间"。顺路带来的星巴克咖啡杯刚才还有点烫手，现在已经变得温热了。香甜中夹杂着微苦的味道刺激着味蕾，让思绪回到现实，落在静坐的书桌旁边。此时，天窗的投影已经移动脚步，悄悄爬上墙壁。尽管很慢，在泛着暖黄色余晖的略有凹凸的墙面上，仍然流刻着光影的步履。看着眼前的影像，时光似乎在整个空间中绵延开去，时而抓住窗棂，并借以留下踪迹；时而在建筑构件的挤压之下，从缝隙之中泻下光来；时而又经过漫反射，照亮一部分被遮挡的区域。

在整个的绵延过程中，不可能抽出时间的一段或几部分，将其作为独立个体来对待。它们互相交融，互相渗透，成为一个整体，不可分割。柏格森的时间概念在此刻的图书馆中被重新理解和解释了。

　　此时此刻，时间记忆似乎在身边停滞了，尽管时间分秒不停地逝去，依附流动空间中的时间体验却放慢或迟滞。上下、前后、左右，极尽通透的共享空间使视线无限延伸，空间的无限畅通催生着时间的连续绵延。

　　图书馆设计之初的空间立意是营建"空中花园"，努力创造有东方园林气质的现代交往空间。随着信息时代的来临，传统的信息获取方式——纸媒渐被电子媒介所取代。为此，在图书馆内部打破固定的空间限制，创造流动的、宜于交流的、能弹性使用的空间，成为具体的设计目标。经过三年多的艰苦工作，空间概念在结构、设备等专业的创新支持下终于实现了设想，也给时间提供了空间载体。此刻，重新拾起当时对于"空中花园"的预设体验，在现实的一杯咖啡旁边，重新审视和检讨。三年前的设想被简化后拉回到当下重新体验，并在头脑中加工成空间影像。建筑空间的创造，心象风景的再现，就是创造者对记忆影像的抽象加工和整合。如果没有意识中的再现，就无法实现空间的创设，无法营造出在场所、空间中被彼得·卒姆托称为"氛围"的物质。

图书馆设计手绘图

　　一幅幅静止的空间影像在记忆中闪过，记忆的时间在空间中被间断地、部分地表达着，因为连续的时间不时被"现在"所打断，记忆的时间有"正在成为过去的现在"以及"被保存下来的过去"两种趋势，直接导致空间记忆影像的碎片化。就像凯文·林奇提出的城市认知地图所阐述的那样，城市由于规模庞大，留给人的印象必定是片断的、非连续的。我们都有过这样的体验，当客体对象的影像不能在我们的记忆之网中找到相似和匹配的位置，不能变成我们心里之存在，就不会成为让我们感动的事物而被接受。

　　时间的绵延依托在空间的通透与畅达之上，体验的现在被记忆的过去不断更新，时间的连续与绵延引发空间影像的碎片化，片断、局部的时间记忆催生空间创造的发生和检讨。

时间感知

　　太阳西坠，光线近乎水平地射在身上。虽是直射光线，并不使人感到灼热，而只是温暖。咖啡已经没有了，被阳光抱着，一个人暖洋洋地在夕阳中回味口中的奶香与清苦酿出的另一种甜，一个人感受图书馆的"时间"，真的很奢侈。坐得久了，起身在各处走走，放弃了常走的线路，尝试走一条不同的路径，以满足刚才环视各个阅览空间时诱发的好奇心。

　　寻找着不同的视点，在头脑中拟合记忆的影像，趣味性空间被不同路径改变着，形成似曾相识而又不曾见过的场景。不知不觉有点气喘吁吁，感知的空间被身体

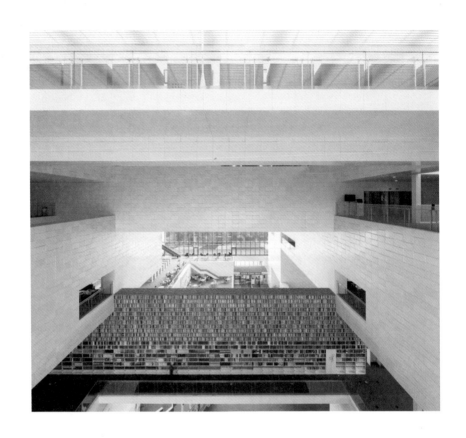

运动器官机械地记录着，它是当下暂时的留存。有意识的记忆却被不停地诱发、重复、叠加、贮存、抽象，不断绵延。中国园林中的"移步换景"将时间的绵延性用空间变换来解释，时间的连续性通过位移与场景的抽象，简化成对视点与空间的物理感知。通过感知空间形成的影像，在头脑中不断搜寻"纯粹的记忆"，"当下"的影像不停补充到"过去"的存贮中并不断再现，现实发生的"步移景异"重复着从过去进入未来的不可见的瞬间过程。园林中的障景、透景、遮景等手法被转译为现代建筑语言并启发着空间感知，空间体验的历史性在随机选择的线路上被演绎得淋漓尽致。

图书馆的结构体系是一种倒挂的受力系统，通过8组竖向支撑结构将交错桁架举至屋顶，各层朝向公共空间的平台，楼板从上部倒挂，最大限度地释放出底层空间，减少不必要的支撑，创造轻盈、漂浮的空间感受。摆脱了重力的束缚与控制，平台、楼板展现出空间的自由与随机，同时使人体味到时间的绵延与连续。感知时间的发生机制能完全阐释步移景易的时空效果，图书馆立体流动空间的开发与实现巧妙地转译了空间中时间的语意，图书馆空间的表达使建筑的传统观念——"凝固的音乐"转变为"绵延的乐章"。由"凝固"到"绵延"，其间跨越贮存在记忆中，并通过意识加工、抽象、贮存为影像，且能够随时抽取。

　　沿着另一条路径回到原来的书桌边，朋友已经到了，并等了许久。互相致歉之后切入正题，谈得还算顺利。送走朋友之后回到原位，墙上的窗影已无影无踪。此时华灯初上，人工光线描绘的室内比起自然光线的刻画少了许多神韵棱角，多了些许模糊与暧昧。

参考文献

1. 汪天文.时间理解的三个向度.深圳大学学报，2004.（3）:21-24.

2. 胡敏中.论马克思主义的自然时间观与社会时间观.马克思主义研究，2006.（2）:38-43.

3. 苏宏志，陈永昌，杨健. 建筑中时间的多维性解析[J]. 中国水运（下半月），2010, 10（3）:100-102.

4. 童寯.江南园林志.北京：中国建筑工业出版社，1984.

5. 吉尔·德勒思.时间·影像.谢强等译.长沙：湖南美术出版社，2004.

技术

统合

间3——建构空间

The Integration between Architecture and its Structure

 赵春水

沿着人类建造的历史轨道，从金字塔到巴黎圣母院，从朗香教堂到芝加哥希尔斯大厦，从代代木体育馆到扎哈·哈迪德的广州大剧院……我们感到人类不断自我消耗挑战的雄心，展现出人类智慧的力量。图书馆结构体系的建立，是将这种力量传递下去的一个尝试。既然是特定场所的一种特殊结构形式，便存在许多这样或那样的不足之处。但我认为，该项目更重要的是传递出建筑与结构对话的新的思维和合作方式，这才是引发思考和总结的意义。

一、建筑空间与结构逻辑

热带的原始茅屋同使用石材、黏土地区的拱券穹顶空间，都是以需求为第一要义而呈现出的外化空间形态，它们是建筑空间的原初形式。古希腊人、古埃及人依靠简单的力学知识，建造出神庙和陵墓，古罗马人发挥材料的自然禀赋，利用拱券创造出令人震撼的建筑内部空间。19世纪法国人物勒·迪克（viollet-le-duc）审视哥特建筑并对隐藏于其背后的骨架均衡与力学的平衡进行总结和提炼，将哥特建筑形式提升到技术与信仰结合产物的高度。还有，高迪将三维悬吊模型得出的悬链线典型曲线作为建筑形态的依据，从而保证了石材、砖材等被高效使用。这些天才的创造达到了"直观感觉与经验技术"的顶峰，其建筑作品将感性与理性融会贯通、完美结合。

随着工业化时代的到来，科技进步带来新技术、新材料的普及，以勒·柯布西耶，密斯·凡·德·罗为代表的建筑师，采用多米诺（Domino）形式或钢和玻璃的系统，逐渐发展出代表现代主义建筑结构形式的理性表达方式。

❶ 圣家族大教堂模型
❷ 罗马小体育宫细部

混凝土的塑性美、钢与玻璃的精密细致，拓展了建筑表达的语汇。意大利工程师皮埃尔·奈尔维（Pier Luigi Nervi）曾说道："所有特殊的建筑细部都源自技术上的需要，然而很快就会得到一种精确的艺术形式，似乎这才是它们（技术）最终的归宿……。"这一产生、发展、凝练的过程，贯穿于建筑发展的历史之中。

工程技术学科的独立，使建筑活动走向科学时代。材料科学、力学计算方法等结束了人类以经验和直觉为基础的"感性"时代。一方面，工程学的发展将人类建造的可能性延伸到前人无法想象的广阔天地，使建筑形式的选择进入了自由不羁的状态；另一方面，结构系统的理性思维与内在逻辑愈来愈显出不可或缺的价值，在技术能为空间创造提供无限可能性的今天，对建筑空间与结构逻辑的一体化思考更显珍贵。

二、图书馆的空间理念

2009年底，我们规划院建筑团队与山本理显团队共同参加了天津文化中心国际方案征集工作。针对任务书，我们进行了充分讨论。"智慧乐园"的概念是在一次畅饮之后提出的，山本理显听说新文化中心用地上原本是天津儿童乐园，就起意在理念中保留"乐园"二字的含义，以延续恒久记忆，同时，天津市规划院建筑分院副院长侯勇军建议将读书与"乐活"相结合，会更有感觉。

参加图书馆方案投标的团队还有西萨·佩里的事务所（美国）、浙江大学建筑学院（中国）以及AREP公司（法国）。

智慧的建筑

深厚的智慧

广大的智慧

设计思维过程图

　　我们提交的第一轮方案，外墙拟采用双层呼吸幕墙，内部采用钢框架支撑体系。为了实现高敞的共享空间，有的柱子通高，在柱与柱之间悬挂一些功能空间，创造出大空间内包含小空间的嵌套形式，丰富了空间体验。总体上，外部造型简约纯净，色彩搭配有序，很好地解决了用地内部多个文化类建筑需要相互协调的问题。同时，内部空间变化丰富，功能布局合理，外部收敛、内部自由的形态得到评委专家的认可，顺利通过第一轮评审。

　　我们的方案与西萨·佩里的事务所的方案得分接近，需要按评委要求再进行一轮修改，以确定最终中标方案。我们团队很快统一了认识，以"三个不变，三个调整"来回复意见并完善方案。现在回忆起来，当时还真有些冒险。我们按照"三个不变"——"空中智慧乐园"的设计理念不变，"钢框架体系"的结构形式不变，"共享融合"的空间模式不变，以及"三个调整"——调整外檐优化立面，补充呼吸式幕墙的关键技术，调整出入口方向，提交了最终方案。又经过一轮评审，最终，我们的方案凭借整体与周边易于协调、内部空间灵活生动、技术造价成熟可信的优点，获得最终设计权。当天的庆祝场面至今难忘，大家因全身心投入而忘情畅饮，山本老师给每一个人一个大大的拥抱，由衷地表达了对大家无私付出的认同。共同研究和协作投标的成功，为我们日后共同拼搏三年、实现项目落地打下了坚实的合作基础。

第一轮方案组图

　　可是，在中标之后的深化阶段，方案发生了变化。按照常识，中标的方案不经过甲方同意不能任意改变，尤其在工期紧张、造价不确定的前提下，建筑师变动方案不但会带来技术上的挑战和潜在的巨大风险，还会给日后的报批带来不可预见的困难，这么做无异于方案的"自杀"行为。但是，山本理显认为，"既然中标了，就要尽最大努力争取一个更满意的方案。追求完美，不留遗憾，才是建筑师的价值信条。"在方案深化调整沉寂两周之后，他向我们展示了一个内部空间用相同宽度的纸条搭建的工作模型。其中，纸条承担自重的同时兼具分割空间的作用，结构体系完全颠覆了原方案中钢框架支撑体系的概念（多米诺形式）。尽管新方案的结构受力体系还不明确，对抗震等技术要求还需要进行计算和讨论，但新方案中，空间连续、通透，形态丰富，趣味性和自由度也得到充分释放。

　　敏感的直觉告诉我们，建筑空间与建构一体化的雏形已经初步形成。未曾见过

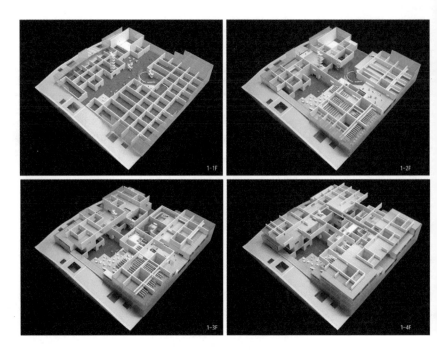

图书馆模型

的空间形式像磁石般吸引着我们前去探索，在模型空间的感召之下，我们兴奋地达成共识，实现"自我更新"。当时的决定有些像年轻人的冲动。正是《建筑少年梦》一书所描述的追求理想空间的执着，鼓舞我们敢于向"自我"挑战，才成就了今天的天津图书馆。

三、新结构体系的建立

天津图书馆总建筑面积56000平方米，总建筑高度30.2米；共6层（地下1层、地上5层）；地面以上的建筑轮廓尺寸为0.2米×10.2米，四周悬挑跨度10.2米；内部南北通透，有数个大型公共空间互相穿插、嵌套；首层跨度大，支撑少；二层连接东西两部分的通廊跨度为40.8米。

制作新方案的概念模型，让我们中方团队彻底无眠。与其说是方案调整，不如说是在空间使用模式不变的前提下，对建构体系的颠覆和重新思考。

对结构而言，传统成熟的钢框架体系已经不能满足建筑师对空间的追求。新支撑系统则是完全陌生的未知体系，令人有点茫然。对设备专业来说，纯净的空间使得

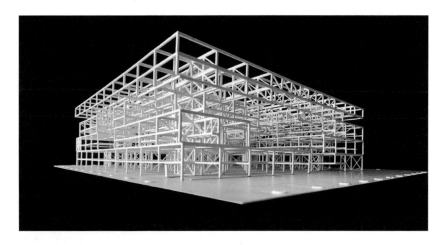

图书馆框架体系模型

设备安装以及隔音降噪几乎无法实现，无所适从；对建筑专业来讲，虽然空间体验非同凡响，但消防疏散、划分防火分区、满足面积指标等更是处处有困难，举步维艰。

在此，不再赘述对于建筑专业和设备专业的挑战。我们重点梳理了结构体系方面的难点：

1. 结构支撑体系不明确，竖向荷载传递不连续，竖向荷载只能通过不断转换来完成向下传递；

2. 平面开洞面积大且分散，导致整体刚度较低，开洞面积占到平面面积的30%以上；

3. 各功能区之间的连廊跨度大，对结构的安全性、稳定性、舒适性有很高要求，传统结构无法满足；

4. 室内空调设备、外檐玻璃幕墙的安置与悬挂给结构提出更高的要求，并需兼顾真实和美观方面的要求。

为了创造面向21世纪的新型图书馆，建构"智慧乐园"的特殊空间效果，我们从可行性角度对原方案采用的钢框架结构进行分析后发现，这种结构已经不能支持建筑师丰富的空间创作，想要实现室内大跨度互相嵌套、并置的共享空间效果，也不能从普通的框架体系中直接获得帮助。

新方案的空间初看繁复，但其中的规律经过反复提炼，逐渐清晰地浮现出来：空间基本尺度在10.2米×10.2米或20.4米×20.4米的网格秩序之下，不断变化演绎出不同的组合方式，同时，这种规律性的平面网络既保持着理性的秩序，又使空间变幻无穷；

结构形态示意图

从一层到二、三层，开敞度由低到高逐渐减小，大部分的竖向荷载需合并，并采用梁托柱的转换方式，先集中再向下传递。最终的结构方案，结合消防、设备的要求，根据平面布局，利用交通空间设置剪力墙，作为主要的屋架支撑构件和主要的水平传力构件；以45根落地柱作为主要的竖向传力构件，同时结合隔墙布置框架梁的全层高桁架，主要解决大跨度空间的水平荷载和竖向荷载的传递问题。经过对传统钢框架体系的适用性分析，和对满足建筑空间的结构方案的可行性比选，创建了全新的"钢框架支撑与空间桁架的组合结构体系"。这是通过建筑师设计的复杂的建筑空间方案激发结构师进行结构形式创新和探索的真实案例。现代建筑追求功能的合理性与结构形式的真实性，对建筑师、结构工程师和设备工程师的紧密合作提出了更高的要求。

此外，在结构方案确定之后，由于工程材料和构件的特殊性，该方案中的空间悬挂、支撑体系对节点的要求特别高。根据结构抗震分析，竖向支撑提供45%水平刚度，框架柱梁的节点性能尤其是其组合的节点受力直接决定了框架部分的受力效果，也决定着支撑部分能否正常工作。

因此，对于实现整体方案，"节点设计"成为需要特别解决的难点问题。节点设计针对性强，在不同位置须分别处理，同时需要满足施工中的可操作性及安装、卸

首层平面图

二层平面图

三层平面图

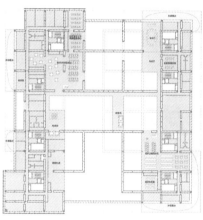

四层平面图

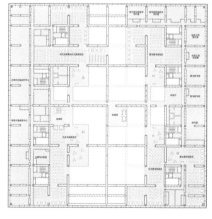

五层平面图

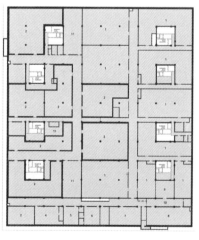

地下一层平面图

载等要求。结构师在这些方面付出了大量创造性的劳动，同时将科研成果申请为一项专利。

四、通过对话实现设计一体化

天津图书馆自建成之后，每天平均接待8000人，成为文化中心项目中最具人气的场馆，实现了创建新型图书馆的设计预想。

方案中标后，经过建筑师的"自我更新"，与结构、设备专业人员的对话、合作，共同实现并完成了新型空间的建造，将理想变为了现实。天津图书馆在国内首次实现了建成无柱开敞共享空间的理想。共享空间丰富的空间感受因时因人而异，加上光影变化，给读者以变换、迷离的空间体验。对结构工程师而言，在帮助建筑师实现空间方案的同时，成就了结构创新；对建筑师而言，这一方案的实现得益于建筑专业与结构专业的通力合作，即艺术与技术的充分结合。这无疑需要建筑师与结构工程师

超越自己的固有领域，转变既有的思维方式和合作方法，通过跨界合作，最终实现了建筑与结构一体化的成就。

天津图书馆的建筑设计获得了很多奖项，包括市级优秀设计一等奖、省部级优秀设计一等奖、詹天佑大奖、鲁班奖等。同时，结构设计的科研成果荣获了市级科技进步一等奖。这些奖项令人信服地展现出两类专业设计师的通力合作所蕴含的设计创作与科研的无限潜能。

总结起来，项目的成功源自起始阶段，建筑师在构思、立意之初，就向结构工程师咨询相关空间实现的可能性。正是这种主动而为催生出共同创造的新的结构形式。结构是实现建筑的前提，现代社会的分工与工程学的发展，以及新科技、新材料的不断涌现，使人类征服空间的欲望无比强烈，更要求建筑师与结构工程师真诚合作。只有不断克服重力的束缚，创造开放空间带来的自由，才能实现不断跨越，实现建筑专业引领多专业合作的一体化设计，实现兼备技术合理性与形式创新性的新场所。

超大建筑空间的消防设计

Performance-based Fire Protection Design of Modern Library Building

 陆伟伟

引言

当今，建筑的方法和风格都在发生着革命性的、势不可挡的变化。随着建造技术的进步和功能需求的提高，传统的、功能单一的、封闭呆板的建筑空间逐步被建筑师摒弃，取而代之的是更加以人为本、注重交流、丰富多变、富于流动性的人际交往空间。它们相互交融、重叠，往往没有明显的边界，也更加有利于火灾的蔓延，不利于人员疏散和财产保护，给消防设计带来了新挑战。加之我国相关的防火规范久未更新，尚停留在十年前的水平，必然会与新的空间模式产生不可调和的矛盾。随着消防设备和技术的飞速发展，有些矛盾可以通过技术手段解决。为实现建筑师的设计理想，消防性能化设计是唯一的途径。

一、消防设计的主要内容及设计难点

消防设计是一个项目中的重要组成部分，它安全与否直接关系到建设项目的成败。由于消防设计考虑不周，导致了很多建筑物在后期使用中存在重大安全隐患，一旦发生火灾，不仅会造成重大的伤亡事故和经济损失，还会带来严重的政治影响。为此，在建筑设计环节中，消防设计的主要内容包括：建筑防火、消防灭火系统、防排烟系统、火灾报警控制系统、建筑物防雷措施。鉴于天津图书馆的功能需求，以及建筑体量、造型的独特性，消防设计主要有以下几处设计难点。

1. 共享大厅

根据规范，防火分区的最大建筑面积为2000平方米，最短疏散距离为30米。如图所示，共享大厅和二至五层的读者平台及通道为一个防火分区，建筑面积为8500平方米；首层的最大疏散距离为34米，二层及以上各层的读者平台无疏散楼梯。

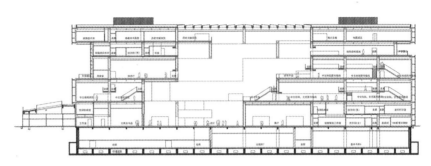

共享大厅剖面图

2. 阅览室

为创造丰富的交流空间，提高藏书量，各阅览室均设夹层。如图所示，其疏散距离约为50米，远超规范中要求的30米。

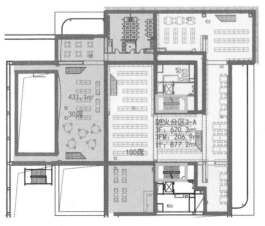
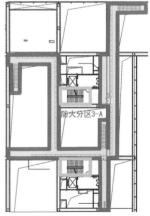

带夹层典型阅览室示意图

3. 地下书库

由16个防火单元组成一个防火分区，面积为11874平方米，通过8部楼梯疏散。如图所示，面积及疏散距离均不满足规范要求。

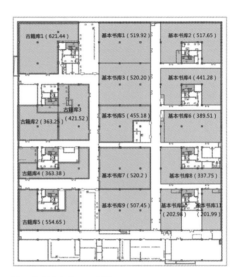

地下书库防火分区示意图

二、设计目标、分析方法和性能判据

1. 性能化设计目标

根据天津图书馆的使用功能、空间特点，结合防火设计的重点和难点，消防性能化设计的主要目标为：

（1）确保火灾时读者和工作人员可以疏散到室内外安全地点。

（2）降低起火可能性，控制火灾规模及蔓延速度，减少财产损失。

（3）提供有利条件，保证消防员顺利开展消防、救援工作。

2. 分析方法与判定标准

为验证上述安全目标能否实现，我们对问题进行研究并提出了解决方案，采用消防安全工程学的方法和技术对人员疏散和火灾蔓延两方面的判定标准进行了计算和分析。

通过计算机模拟火灾情形和人员疏散过程，由疏散路线的环境不会达到人体耐受的极限状态，可计算出疏散安全时间TASET。对比安全疏散必需时间TRSET，若TASET＞TRSET，则满足人员安全疏散需要。

通过数值模拟法预测火灾时烟气的流动状况及馆内各类设施的反应，计算火源周围烟气最高温度。如果烟气温度高于设定的极限温度，火灾将通过热辐射向周围区域蔓延。

三、初步调整方案

我们充分考虑了建筑特点，并分析了火灾危险性，从性能化设计角度提出了防止火灾蔓延和人员安全疏散的策略。为确保设计方案能达到相关规范要求的同等水平，需对消防设计进行初步调整。

1. 共享大厅

（1）将防火分区1-A、1-B、1-C、1-D、1-E中的防火卷帘改为甲级防火门，如图所示。

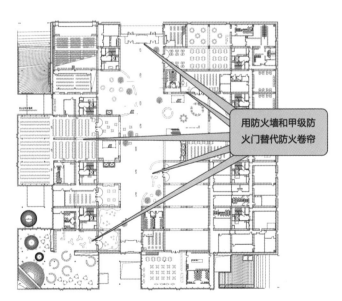

用防火墙和甲级防火门替代防火卷帘

采用首层甲级防火门替代防火卷帘示意图

（2）在存包处、政府信息查询中心采用耐火极限不低于2小时的墙体和常开乙级防火门，进行防火分隔。

（3）在首层办证处，采用不燃材料装修。

（4）各层开敞空间座椅选用不燃或难燃材料。

（5）在首层和与之连通的二至五层设智能疏散指示系统，指示标志间距不大于5米，疏散走道照度不小于5勒克斯，应急照明持续供电时间不小于60分钟。

（6）采用快速响应喷头灭火系统，喷水强度10升(分·平方米)。

（7）超过12米高的大空间内设自动喷水定位灭火系统。

2. 阅览室

（1）采用快速响应喷头灭火系统，喷水强度10升（分·平方米）。

（2）设置智能疏散指示系统，在夹层采用光导流形式的疏散指示标志，间距小于1.5米，间隔频闪。

（3）疏散走道照度不小于5勒克斯，应急照明持续供电时间不小于60分钟。

3. 地下书库

（1）各书库设常闭甲级防火门，上设"常闭防火门，请勿垫物"的固定警示牌。

（2）走道采用不燃材料装修，设置"走道内严禁堆放物品"的固定警示牌。

（3）走道内设智能疏散指示系统，指示标志间距不大于5米。

（4）疏散走道照度不小于5勒克斯。

四、模拟验证

1. 火灾场景分析与确定

设定正确、全面、合理的火灾场景是性能化消防设计的关键环节，将直接决定性能化设计的准确性与可靠性。应根据建筑物的用途、空间特性、可燃物分布、人员特征及消防设施等因素，综合考虑火灾的可能性与潜在后果。构成要素为火源位置、火灾发展速率和最大热释放速率、消防系统的可靠性等。

（1）火源位置分析：考虑火灾可能具有的规模、建筑内各功能区域的空间特点、疏散出口分布、起火楼层以及烟控措施等因素，设置了5个火源位置，编号如下：

首层火源位置示意

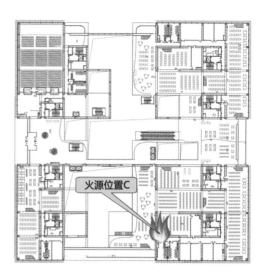

二层读者平台火源位置示意图

二层防火分区2-B 火源位置示意图

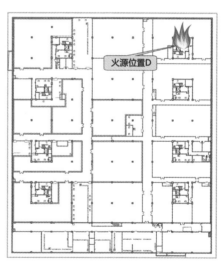

地下一层火源位置示意图

（2）设定火灾场景选择：根据最不利原则，选择风险较大的场景作为设定火灾场景，如火灾发生在安全出口附近使其不可利用、消防系统失效等。根据要分析研究的内容，确定了13个具有代表性的设定火灾场景进行计算分析，见下表。

表1　设定火灾场景分析汇总表

火源位置		设定火灾场景	火灾增长系数（kW/s²）	机械排烟系统	自动灭火系统	最大火灾热释放速率（MW）	分析目标
首层大厅	A	A11	0.0244	有效	有效	1.2	火灾和烟气的蔓延及人员疏散的安全性
		A10		有效	失效	6.0	
		A01		失效	有效	1.2	
首层发证处	B	B11	0.0244	有效	有效	1.2	火灾和烟气的蔓延及人员疏散的安全性
		B10		有效	失效	6.0	
		B01		失效	有效	1.2	
二层读者平台	C	C11	0.0244	有效	有效	1.2	火灾和烟气的蔓延及人员疏散的安全性
		C10		有效	失效	6.0	
二层阅览室	D	D11	0.0256	有效	有效	1.6	火灾和烟气的蔓延及人员疏散的安全性
		D10		有效	失效	9.3	
		D01		失效	有效	1.6	
地下书库	E	E11	0.0256	有效	有效	1.2	火灾和烟气的蔓延及人员疏散的安全性
		E01		失效	有效	1.2	

2. 火灾烟气模拟

运用火灾动力学模拟软件FDS（Fire Dynamics Simulator），建立中庭模型，模拟火灾发展和烟气流场，通过数值方法求解湍流方程，对烟气扩散和热传导及其主要影响参数（烟气层高度、对流热、空间能见度临界值、一氧化碳浓度等）进行分析，完成了13个设定火灾场景的计算，结果如下表。

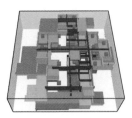

中庭模型（A）

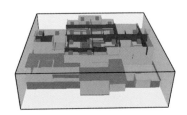

中庭模型（B）

表2　各设定火灾场景下烟气流动的模拟计算结果

设定火灾场景			危险来临时间（s）				
火灾位置	编号		五层	四层	三层	二层	一层
首层大厅	A11		>1600	>1600	>1600	>1600	>1600
	A10		593	632	768	1131	1555
	A01		1292	1440	>1600	>1600	>1600
首层证书发放处	B11		>1600	>1600	>1600	>1600	>1600
	B10		488	566	1006	>1600	>1600
	B01		1198	1216	1496	>1600	>1600
二层读书平台	C11		>1600	>1600	>1600	>1600	>1600
	C10		502	617	1067	>1600	>1600
二层阅览室	D11	夹层	486				
		二层	>1200				
	D01	夹层	295				
		二层	508				
	D10	夹层	256				
		二层	355				
地下书库	E11		>1200				
	E01		464				

3. 人员疏散过程分析

根据建筑特点和人员荷载，计算最不利情况下，各区域人员在现有疏散宽度和距离的条件下，所需疏散时间TRSET，与可用疏散时间TASET对比，判定人员的疏散过程是否安全，标准为：可用疏散时间TASET不应小于必需疏散时间TRSET。

（1）人员疏散参数的确定

1）疏散人数及人员类型

以高峰期接待量确定馆内各防火分区的人员数量，人员类型组成参照国际通用的一般公共场所的推荐数值比例构成：成年男士占40%，成年女士占40%，儿童和老年人各占10%。

表3 图书馆各分防火区人员数量和人员密度

楼层	分区	防火分区面积（m²）	设计人数	计算人数	人员密度（人/m²）
地下一层	F0-1	14031	20	24	<0.1
一层	F1-1	3172	574	689	0.18
	F1-2	2528	360	432	0.17
	F1-3	1389	340	408	0.24
	F1-4	1829	804	965	0.44
	F1-5	1032	176	211	0.17
	F1-6	1442	240	288	0.17
二层	F2-1	2540	362	434	0.14
	F2-2	855	143	172	0.17
	F2-3	1117	187	224	0.17
	F2-4	1075	180	216	0.17
三层	F3-1	3959	515	618	0.13
	F3-2	426	71	85	0.17
四层	F4-1	3160	776	931	0.25
	F4-2	3125	445	534	0.14
五层	F5-1	2107	300	360	0.14
	F5-2	3064	436	523	0.14
	F5-3	3860	572	686	0.15
合计			6500	7800	

注：考虑一定的安全系数，模拟计算时，计算人数取疏散人数的1.2倍。

2）人员行走速度

SFPE《消防工程手册》认为，人员的行走速度是人员密度的函数：

$$S=k（1-0.266D）$$

式中k为常数，可按资料查取；D表示人员密度。

据此公式可算出，人员密度在0.54～3.8人/平方米时对应的疏散速度。结合相关资料提供的各类人员平均形体尺寸和步行速度推荐值，最终确定各场景人员疏散速度，见下表。

表4 各场景人员疏散速度

人员类型	步行速度（m/s）		商铺、水平走廊、出入口	形体尺寸（肩宽m×背厚m×身高m）
	坡道和楼梯间			
	上行	下行		
成年男士	0.5	0.7	1.0	0.5×0.3×1.7
成年女士	0.43	0.6	0.85	0.45×0.28×1.6
儿童	0.33	0.46	0.66	0.3×0.25×1.3
老者	0.3	0.42	0.59	0.5×0.25×1.6

（2）安全出口宽度计算

研究表明，人在通过疏散走道或疏散门时，习惯与走道或门的边缘保持一定距离，并非整个宽度都能得到有效利用。因此，最终确定的疏散宽度，应充分考虑折减值，才能作为建立各场景人员疏散模型的初始边界条件。

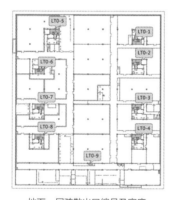

地下一层疏散出口编号及宽度

一层疏散出口编号及宽度

表5 地下一层疏散出口编号及宽度

安全出口名称	设计出口宽度(m)	计算宽度(m)
LT0-1-LT0-8	1.4	1.1
LT0-9	0.9	0.9
总计	12.1	9.7

表6 一层疏散出口编号及宽度

安全出口名称	设计出口宽度(m)	计算宽度(m)
CK1	3.0	2.7
CK2	0.9	0.9
CK3	1.8	1.5
CK4	0.9	0.9
CK5	0.9	0.9
CK6	3.0	2.7
CK7	0.9	0.9
CK8	0.9	0.9
CK9	0.9	0.9
CK10	1.8	1.5
CK11	0.9	0.9
总计	15.9	14.7

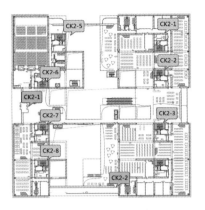

二层疏散出口编号及宽度

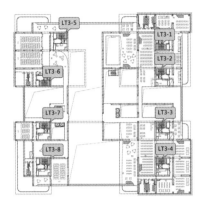

三层疏散出口编号及宽度

表7 二层疏散出口编号及宽度

安全出口名称	设计出口宽度(m)	计算宽度(m)
LT2-1—LT2-8	1.4	1.1
CK2-1	3.0	2.7
CK2-2	1.8	1.5
总计	16.0	13.0

表8 三层疏散出口编号及宽度

安全出口名称	设计出口宽度(m)	计算宽度(m)
LT3-1—LT3-8	1.4	1.1
总计	11.2	8.8

四层疏散出口编号及宽度

五层疏散出口编号及宽度

表9 四层疏散出口编号及宽度

安全出口名称	设计出口宽度(m)	计算宽度(m)
LT4-1—LT4-8	1.4	1.1
总计	11.2	8.8

表10 五层疏散出口编号及宽度

安全出口名称	设计出口宽度(m)	计算宽度(m)
LT5-1—LT4-8	1.4	1.1
总计	11.2	8.8

（3）疏散场景设定

设定原则为：火灾时最不利于人员安全疏散的场景。通常考虑火灾发生在疏散出口附近，使该出口不能使用，根据本文第三部分设定的火灾场景，设置了如下5个设定疏散场景。

表11　设定疏散场景表

疏散场景	火灾场景	重点分析	疏散区域	疏散人数	疏散通道情况
1	A11、A10、A01	中庭区域发生火灾时，烟气对建筑内部人员疏散的影响	整体	2958	各区内的人员正常疏散，无疏散出口、疏散通道堵塞
2	B11、B10、B01	中庭区域发生火灾时，烟气对建筑内部人员疏散的影响	整体	2958	建筑一层主出入口CK1-1不能用于人员疏散
3	C11、C10	二层读书平台发生火灾时，烟气对本层及上层人员疏散的影响	整体	2958	建筑二层通向外部露台的出口CK2-2与通向LT2-4的走廊不能用于人员疏散
4	D11、D10、D01	二层阅览室发生火灾时，烟气对二层及其夹层人员疏散的影响	二层防火分区2-B	70	无疏散出口、疏散通道堵塞
5	E11、E01	地下书库发生火灾时，烟气对本层人员疏散的影响	地下一层	223	基本书库2临近火源附近的房间出口不能用于人员疏散

（4）必需疏散时间TRSET

消防安全工程将必需疏散时间分为三个阶段：报警时间TA、响应时间TR和疏散行走时间TM。人员必需疏散时间TRSET＝TA＋TR＋1.5×TM。根据相关规范，TA=60秒，TR=120秒。采用ThunderHead Engineering疏散软件，按照已确定的参数，建立PathFinder疏散模型。将各疏散场景条件带入模型，计算疏散行走时间，最后得出各场景的必需疏散时间TRSET，见下表。

表12 各疏散场景的必需疏散时间TRSET

疏散场景	对应火灾场景	疏散人数	报警时间 T_A(s)	响应时间 T_R(s)	行走时间 T_M(s)	必需疏散时间 TRSET(s)
1	A11、A10、A01	2958	60	120	五层107	五层341
					四层249	四层554
					三层397	三层776
					二层245	二层548
					一层428	一层822
2	B11、B10、B01	2958	60	120	五层106	五层339
					四层255	四层563
					三层400	三层780
					二层272	二层588
					一层426	一层819
3	C11、C10	2958	60	120	五层107	五层341
					四层256	四层564
					三层414	三层801
					二层267	二层581
					一层428	一层822
4	D11、D10、D01	70	60	120	夹层96	夹层324
					二层96	二层324
5	E11、E01	223	60	120	72	288

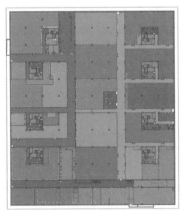

地下一层疏散模型

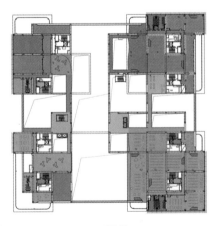

一层疏散模型

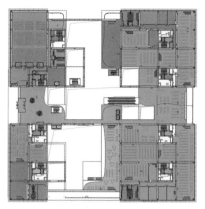

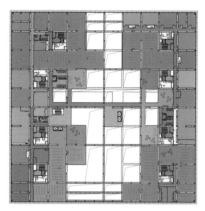

二层疏散模型

三层疏散模型

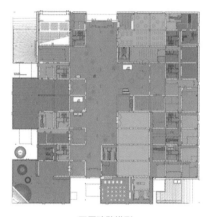

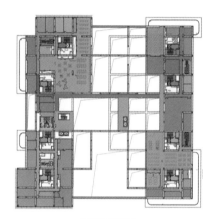

四层疏散模型

五层疏散模型

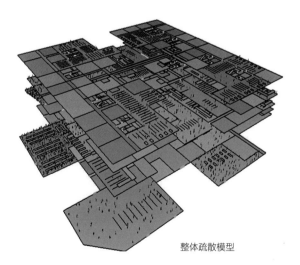

整体疏散模型

（5）人员安全判定

保障人员的生命安全是消防性能化设计最重要的目标。下面将软件模拟计算得到的所需疏散时间TRSET，与各火灾场景下的可用疏散时间TASET进行比较，依次判断各区域人员疏散安全性。

在消防系统正常启动的工况下，建筑内的人员均能在危险来临之前疏散到室外安全区域。

在自动喷水灭火或机械排烟系统中一个失效的工况下，二层夹层可用疏散时间稍有不足。我们在设计中考虑了预动作时间和1.5倍的安全系数，因而不至于严重威胁到人员的安全疏散。

表13　人员疏散安全性判定

火灾场景	火源位置	自动灭火系统	排烟系统	疏散场景	疏散至	"必需疏散时间 TASET(s)"	"可用疏散时间 TRSET(s)"	安全判定
A11	A	有效	有效	1	楼梯间	五层341	五层1600	安全
						四层554	四层1600	安全
						三层776	三层1600	安全
						二层548	二层1600	安全
					室外	一层822	一层1600	安全
A10		失效	有效		楼梯间	五层341	五层593	安全
						四层554	四层632	安全
						三层776	三层768	不安全
						二层548	二层1131	安全
					室外	一层822	一层1555	安全
A01		有效	失效		楼梯间	五层341	五层1292	安全
						四层554	四层1440	安全
						三层776	三层1600	安全
						二层548	二层1600	安全
					室外	一层822	一层1600	安全

火灾场景	火源位置	自动灭火系统	排烟系统	疏散场景	疏散至	"必需疏散时间 TASET(s)"	"可用疏散时间 TRSET(s)"	安全判定
B11		有效	有效		楼梯间	五层339	五层1600	安全
						四层563	四层1600	安全
						三层780	三层1600	安全
						二层588	二层1600	安全
					室外	一层819	一层1600	安全
B10	B	失效	有效	2	楼梯间	五层339	五层488	安全
						四层563	四层566	安全
						三层780	三层1006	安全
						二层588	二层1600	安全
					室外	一层819	一层1600	安全
B01		有效	失效		楼梯间	五层339	五层1198	安全
						四层563	四层1216	安全
						三层780	三层1496	安全
						二层588	二层1600	安全
					室外	一层819	一层1600	安全
C11		有效	有效		楼梯间	五层341	五层1600	安全
						四层564	四层1600	安全
						三层801	三层1600	安全
						二层581	二层1600	安全
	C			3	室外	一层822	一层1600	安全
C10		失效	有效		楼梯间	五层341	五层502	安全
						四层564	四层617	安全
						三层801	三层1067	安全
						二层581	二层1600	安全
						一层822	一层1600	安全

火灾场景	火源位置	自动灭火系统	排烟系统	疏散场景	疏散至	"必需疏散时间TASET(s)"	"可用疏散时间TRSET(s)"	安全判定
D11	D	有效	有效	4	室外	夹层324	486	安全
						二层324	>1200	安全
D10		失效	有效			夹层324	256	不安全
						二层324	355	安全
D01	E	有效	失效			夹层324	295	不安全
						二层324	508	安全
E11		有效	有效	5	楼梯间	288	>1200	安全
E01		有效	失效			288	464	安全

五、性能化设计的结论和建议

通过本文前述的消防设计调整，采用消防安全工程学方法，进行性能化防火设计，分别运用FDS和PathFinder软件对烟气流动及人员疏散进行分析计算，最终明确了方案的可行性，验证了消防设计满足人员安全疏散的要求。

消防安全是相对的，是系统总体性能的反映。为此，对消防安全设计及业主提出以下建议：

1. 加强火灾危险源管理，严禁吸烟，注意电气设备的安装和使用，做好定期维护。

2. 保证疏散通道畅通，禁止堆放杂物。疏散出口尤为重要，应加强日常消防管理，确保火灾时人员能安全疏散。

3. 建立完善的疏散引导系统，在各疏散口设置明显的疏散指示标志，保证疏散路线上的应急照明有足够的照度。

4. 定期检测消防设施，加强维护、保养，保证可靠性和有效性。

5. 制订灭火和应急疏散预案，对工作人员进行消防培训和疏散演习，使其在火灾时能迅速、准确地找到出口，并协助他人安全撤离。

六、性能化设计对建筑空间的影响

1. 用常开防火门和防火墙代替防火卷帘，或对原本连续的交流开敞空间进行防火分隔。防火门的洞口尺寸有限，因而破坏了开敞空间的完整性，且国内经消防部门认证的防火门制作工艺有所局限，致使门扇不能完全打开，与墙面贴合，将原本整洁、纯净的内墙面变得支离破碎。同时，由于防火门材质的局限（钢质），其与室内装饰风格不够协调。

2. 按照相关要求，共享大厅装饰材料必须为不燃材料，相应的选择范围较小，常用的仅有石材和金属，均为坚硬冰冷的质感，对图书馆温馨的室内氛围有较强冲击。尤其是共享大厅内全层高的整墙书架，原本为竹木材质，外观自然柔和，触感细腻温暖，与书香完美融合，调整为金属制品后，使人的感观发生了很大变化。

3. 使用光导流形式的疏散指示标志，要求间距小于1.5米，指示标志较常规系统密集很多。局部设置的自动喷水定位灭火系统（水炮），突出墙面的设备终端尺寸大，外观不够精致，均对洁白、整齐的室内墙和地面装饰效果产生了较大影响。

全新的建筑　全新的结构
The New Structure of the New Building

 韩宁

　　天津图书馆是我们与境外设计团队合作的第一个项目，合作者又是日本著名建筑师山本理显先生。听闻山本先生要拿出一个空间新颖的图书馆方案，建筑要给结构带来什么样的难题呢？作为结构工程师的我们，心情不免有些忐忑。

　　建筑方案摆在我们面前了——地下1层，地上5层，主体长、宽均为102米，总高30.2米。中间为3层高、贯通南北的超大的共享中庭，中庭周边一至三层都设有夹层。主要柱网尺寸为10.2米×10.2米、20.4米×20.4米，内部无柱大空间的跨度为40.8米。一层西侧及南侧各延伸15米的一跨裙房，裙房顶兼作坡道。

　　初看方案，外形及平面方方正正，只有局部的大空间。当我们反复研究了各层平面以及建筑空间之后，我们明白，"大麻烦"来了。

　　山本先生的建筑方案完完全全地从根本上颠覆了我们对图书馆的概念，构成了这样的建筑空间特点：建筑平面沿竖向下虚上实，一至三层中间部位为大体量共享空间，首层中部共享空间的面积达2500平方米；二、三层在不同部位挑出，以单侧悬挑的通廊连接；四、五层连通，许多部位在中间层退进；仅有8个交通核部位的墙体是上下贯通的。

　　对于这样一个多高层建筑，我们通常可采用的结构形式有：钢框架结构、钢框架——支撑结构。但是，当我们将建筑空间分析清晰之后发现，普通的钢框架-支撑结构仅能解决周边结构问题，中间大跨度和错柱网部位没有办法布置普通的框架梁柱。

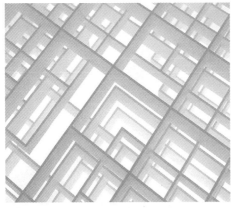

建筑师的思路——错位布置的格子

剖面位置示意图

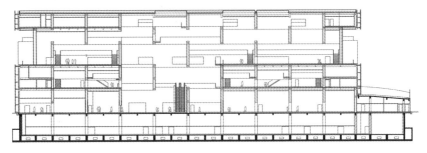

建筑剖面图

错位"格子"处的柱在不同层都是间断的。隐藏在建筑隔墙中的柱子，也由于"格子"的错柱网布置，在相邻层时必定是暴露在建筑空间内的。因此，必须有部分柱子采用托柱转换，也会有大量不落地的柱作为其他柱的支承柱；而且托柱的梁需要的高度远大于因建筑净高要求限制的500毫米，不能满足建筑净空及使用要求。也就是说，我们根本不可能用成熟的结构体系将这个建筑全部搭建起来。

按照建筑功能及空间要求，121个柱位上仅仅可以布置45根竖向通高的框架柱，约占总柱位的37%。

以45根通高的框架柱为主要竖向传力构件，以8个交通核为主，布置支撑，作为主要传递水平力的体系。结合建筑分隔墙，在不同部位布置框架梁或全层高的桁架。

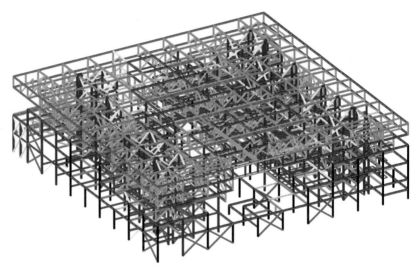

图书馆错落的空间——结构整体模型以及贯通柱示意（以红色表示）

桁架为平行或交叉布置的单层、多层叠放的桁架，支承及传递高大空间所处结构部位的竖向力及水平力，由此产生了全新的钢框架-支撑与空间桁架相结合的结构体系。我们对这个体系及本工程的结构特征进行了一系列研究。

一、楼板不连续

本建筑中，楼板开洞多，各层楼板开洞面积均大于30%。楼板不连续，尤其是二层，几乎分为东、西、南、北4个独立部分，相互之间仅连接少量杆件。其他层东西两部分的连接也十分薄弱，地震力无法在全层有效传递。仅有屋顶层楼板开洞较少，比较连续。

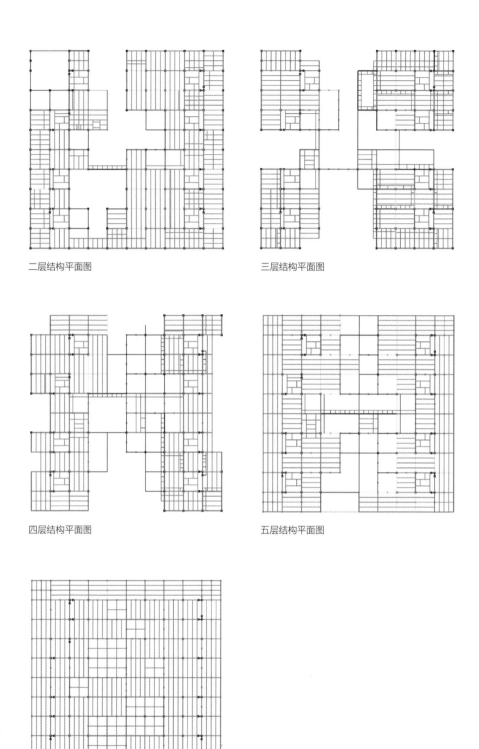

二层结构平面图

三层结构平面图

四层结构平面图

五层结构平面图

屋顶层结构平面图

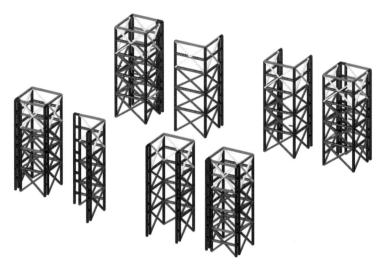

竖向贯通的支撑体系

　　每个独立部分有2个交通核，在每个交通核都布置了双向钢支撑，提供了足够的抗侧力构件，弥补了楼板开洞带来的水平向传力差等问题，即使连接的杆件在地震时被破坏，这4个独立的部分也能够独自存在。

　　结构设计中，加强了比较完整的顶层楼板的刚度，以抗震工况确定楼板的配筋，对于协调下部结构的受力、增加结构整体性起到重要的意义。

二、桁架受力复杂

　　虽然采用新型的结构体系搭建起复杂的建筑空间，但是许多桁架作为其他桁架的承重构件，自身又支承于垂直方向的桁架，很难明确分清主次受力关系，竖向传力路径曲折而复杂。我们第一次制作了全杆系的结构实体模型，用来分析结构的传力途径以及支撑、桁架杆件与建筑和设备管线的关系。

　　布置桁架与调整建筑隔墙结合在一起，完成后的结构方案基本上保证了桁架经过两级荷载传递至通高框架柱。

三、立面长悬挑

　　建筑立面凹凸有致，四面入口处通高的玻璃幕墙与竖放石材百叶相结合，具有强烈的立体感而且轻盈通透。所有外围结构在不同层内退约10.2米。所有边柱都在不同层间断1至3层，每条轴线上的结构钢架在不同层端部均处于悬挑状态。

❶ 局部结构空间1
❷ 局部结构空间2
❸ 局部悬挑结构

悬挑长度达10.2米，同样采用了单层、双层及多层叠放桁架，在必要的部位采用了空腹桁架。

四、柱底荷载差异大

框架柱总高度差异大，从地下室顶面到地上各层地面直至屋顶，各个高度的柱顶标高都有。悬挑和大跨度部位的荷载都需要通过45根通高的框架柱传到基础，柱根竖向荷载差异很大。最大柱竖向荷载超过20000千牛，而相邻部位纯地下室的柱上浮力为5400千牛，如此极易产生基础的不均匀沉降，可能导致结构产生裂缝。

为解决此问题，一方面，我们调整不同柱下的桩数及持力层，尽可能减少桩基沉降差异；另一方面，利用前面提到的地下防涌水层，把基础底板的梁上反与防涌水

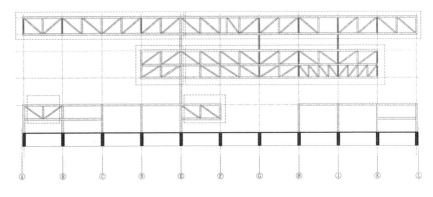

6轴结构示意图

层的顶板梁合二为一，这样一来，基础就有了双向贯通、高2米的基础梁，与基础底板与防涌水层顶板一起形成了刚度巨大的箱型基础，起到调节基础不均匀沉降的作用。

五、竖向支撑贯通问题

在交通核部位，10.2米×10.2米的柱网包含了交通核以及外部的通道，支撑斜杆阻碍了通道。为满足建筑通道的畅通，同时也使支撑沿竖向贯通，在通道一侧采用了双肢组合柱，支撑与内侧柱肢相交，以6倍刚度的短横梁连接柱肢，使组合柱柱肢能够协同工作。同时，留足柱肢之间用作通道的宽度，既满足结构受力，又不影响建筑功能。

六、楼板舒适度验算

考虑到图书馆今后可能会有的布局变化，除报告厅、机房、卫生间等功能比较固定的部位采用实际荷载，全楼荷载不小于6千牛/平方米。本建筑使用荷载大，人流密集，很多大跨度或单侧悬挑的通廊、长悬挑部位的楼板对震颤十分敏感，应该考虑使用舒适度问题。而对于舒适度的分析，现行规范中没有明确要求。为此，我们参考了日本、美国、英国等国家的规范、规程，对楼板的震颤进行了调整和控制。

七、节点试验

本结构构件截面尺寸小、板件厚，主要受力构件为箱型截面，节点交汇杆件多，受力复杂，施工困难。受空间效果及截面尺寸的影响，很多节点无法采用我们常用的节点形式。

节点试验现场

例如：框架梁与框架柱、桁架弦杆及斜腹杆与框架柱的节点，在共享空间处无法采用外加强环板的节点。我们在此部位采用了隔板贯通的节点形式。对于这种节点形式，在日本研究得较多，在我国较少研究及使用。由于柱截面仅为500毫米，隔板上还需要留混凝土浇灌孔，而且许多节点受力很大。为此，我们对隔板贯通节点进行了改进，创建了带悬臂、宽边的隔板贯通节点，并进行了有限元分析及节点试验。

本工程中使用的桁架有单层、双层及三层等种类。当两个方向的桁架相交时，产生了大量的多杆件交汇节点。节点处相交的杆件截面为箱型，尺寸最小的仅为300毫米。在空中进行拼接、焊接无疑是十分困难的，即使勉强施工也会有大量焊缝重叠，无法保证焊缝的质量。因此，我们采用了矩形管空间桁架铸钢节点。由于国内对此类节点的研究、使用很少，我们也做了大量有限元分析，并以足尺及缩尺试验进行了对比验证。

配合本工程的实施，我们与天津大学建筑工程学院共同组建了科研课题组，以工程作为科研依托，以科研支撑设计。本工程结构新体系的研究，作为天津市科技支撑计划重大项目"天津文化中心工程建设新技术集成与工程示范"的重要子课题，通过了天津市科委组织的专家论证，并获得了2014年天津市科技进步一等奖。

结构成就了建筑之美，建筑也同样为结构工程师提供了创新、研究及施展才华的机会。这是天津图书馆工程带给我最深刻的体会。

全新的系统 全新的空间

The New System of the New Building

 安志红

天津图书馆建筑的外形尺寸为102米×102米×29米，像一个巨大的"方盒子"。其内部空间布局高低错落，灵活多变，设置有带跃层的阅览室（总层高6.75米，其中平层高度2.9米，跃层高度3.85米）、空间通透的自习室（层高7.4米）、设在夹层的空调机房、办公用房（梁下净高2.95米），等等。建筑地上5层（局部8层），地下1层。其特点是房间面积较大，对公共区域的空间品质要求高。

作为暖通专业的设计人员，我们的设计方针是：立足建筑设计理念的实现，在打造舒适、整洁、安静的读书环境的同时，最大限度地节约能源。

一、设计方针

面对高低错落、"变化莫测"的内部空间，除了8个交通核，在其他区域几乎没有一面墙上下贯通，如何设置空调系统？采用哪种空调形式？……一个个"难点"摆在了暖通设计人员的面前。

认真地思考、反复地推敲、激烈地争论……，空调方案终于在实现建筑设计理念的前提下"诞生"了。首先，我们打破了常规的集中设置空调系统的形式，化整为零，按平面布局、使用功能、内外分区设置空调系统。而空调形式也应有尽有，如阅览区、公共活动场所等区域采用低速定风量全空气系统，并在玻璃幕墙处设地板式风机盘管辅以制冷、制热；在外区办公用房等处，设风机盘管加新风系统；在内区办公用房，采用多联机中央空调和新风系统；在网络机房用精密空调系统；在古籍书库设恒温恒湿空调系统……。在5.7万平方米的建筑内，仅组合式空调机就设置了128台。

室内实景照片

其次，对于建筑物内所有的全空气空调系统，设置了在不同季节与送风相对应的排风系统，最大限度地利用室外新风实现免费冷却，利于节能。

二、环境舒适

由于共享中庭、自习室、阅览区等公共区域空间较高，出于建筑设计理念、舒

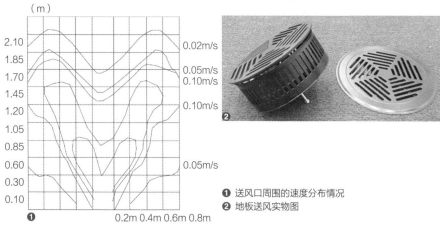

（ m ）

2.10　　　　　　　　0.02m/s
1.85　　　　　　　　0.05m/s
1.70　　　　　　　　0.10m/s
1.45
1.20　　　　　　　　0.10m/s
1.05
0.85
0.60　　　　　　　　0.05m/s
0.30
0.10

❶　　　0.2m 0.4m 0.6m 0.8m

❶ 送风口周围的速度分布情况
❷ 地板送风实物图

适度、空调系统节能等因素的考虑，以上区域的空调系统采用地板送风、吊顶回风的高效送回风形式。

1. 送风口

由于空气通过地板被直接送入人员活动区，且送风口紧靠人员，人们容易感到地板冷、吹风感过大。为保证地板送风的舒适效果，我们借助地板送风模拟实验中的数据分析发现：当采用颈尺寸Ø200毫米的专用地板风口，送风量为150平方米/小时，送风温度大于19℃，送风口风速控制在1.1～1.3米/秒，地板送风口与固定座位的距离大于0.6米时，坐在阅览室的人们不会有吹冷风的感觉，室内空气环境符合舒适

室内实景照片

度的要求，而且地板送风系统直接将新鲜空气输送到室内，人们将会感到室内空气品质有所改善。

2.回风（排风）口

回风口位于房间格栅吊顶内的最高处，尤其是在供冷时，地板送风系统可使房间内形成一定的空气分层，利用室内热源产生的自然浮力，能更有效地排除余热和污染物，利于空气品质的提高。

3.静压箱

静压箱是地板送风系统中的重要环节，地板静压箱是混凝土结构板与架空地板底面之间供布置服务设施用的可开启空间。对暖通专业来说，相当于常规空调系统的送风道。静压箱的高度、风量及整个静压箱内空气分布是否均匀，将影响房间的舒适度。

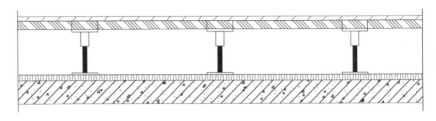

静压箱施工做法

出于空间高度的考虑，建筑方案预留的静压箱高度为0.2米（净空0.13米），通过模拟不同区域的送风量及静压箱高度CFD发现：净空0.13米的静压箱内空气分布不均匀，静压箱高度必须增加0.05米（即净空0.18米），才能保证地板送风区域的舒适度符合要求。经过多次研讨，建筑专业终于"让步"了。

4. 声环境

普通阅览室内A声级（声级计权的一种，为噪声评判的主要标准）噪声的允许值为40dB。为了控制噪声，土建专业对空调机房的围护结构采取了吸音降噪的做法；机电专业对进出空调机房的风道、水管采用了消声措施；此外，我们在空调系统的设置方面采取的措施也有所不同。所有阅览室、公共区域的排风通过风道，分别从8处垂直井道引至屋面，由设置在屋顶的风机排向室外。屋顶上设有排风、排烟风机近百台。在地板静压箱内，由于不使用风道，相较于常规的顶部风道系统，地板送风系统运行时产生的噪声明显降低。

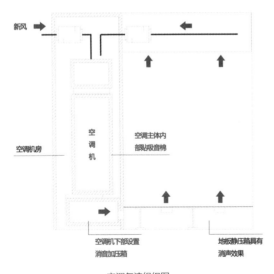

空调气流组织图

屋顶风机图

❶ 紧凑型空调机组
❷ 空调机房位置示意图（剖面）

三、紧凑型空调机组

　　由于建筑面积、布局及空间所限，我们充分利用辅助房间吊顶上部的灰色空间（即层高为3.85米、梁下净空为2.95米的夹层）为空调机房，如服务于二层的空调机设置在首层夹层，服务于三层的空调机设置在二层夹层，个别区域的空调机房紧贴在阅览区或办公用房的旁边。这就要求在做好机房吸音降噪的同时，必须选用体积小、噪声低的空调机。本工程采用的紧凑型空调机，风量在7000立方米/小时左右的，外形尺寸不大于2200毫米×900毫米×1650毫米（长×宽×高），且产生的噪声不高于相关的国家标准。

　　2010年4月，工程指挥部组织国内知名专家对文化中心工程各场馆进行扩初阶段的技术审查。由于当时国内大型公共建筑中，采用被动式地板送风空调系统的很少，而天津图书馆工程如此大面积地采用可谓"凤毛麟角"，所以在审查会上，专家针对舒适度、设备、造价、管理等方面提出不少疑问。经过与专家的多次交流和方案优化，再加上对建筑师设计理念的尊重，图书馆工程暖通专业扩初设计在第三次审查后，通过！

建筑因细节而感动

The Building was Moved by the Details

 崔磊

一个好的建筑作品往往离不开建筑师对建筑与场所、功能与空间、时间与光线、材料、细部、建造等这些建筑本体问题的冷静思考。

对天津图书馆建筑的思考，除了体现在对建筑最终空间印象的巧妙流露，更在于其作品形式的现代、简洁及其表现出的精巧的材料运用和对于建筑细节的把控。

因细节而感动，从思考到建造就被注入了精神……思考彼此的关系，或形式之间，或材料之间，空间之间，细节之间……彼此的对话传达着对空间、物和生活的态度，也是设计者情感的流露和对建筑品质的有效保证。

石材百叶幕墙

在建筑外檐，如何运用现代建造技术，选择恰当的建筑材料来表达图书馆特有的文化气质，这个问题始终贯穿设计及建造的全过程。使用石材不仅为了和相邻的博物馆、美术馆的素材一致，同时也为了体现文化建筑的格调。

图书馆建筑立面现代、简洁而具有整体性，对应于中庭空间每个面的凹凸变化。一个尺度达到100米宽、30米高的图书

馆立面，如果大面积采用粘贴石材，即使对表皮进行很多形式的分割，仍然会给人以压迫感。为了保持建筑的轻盈感，同时又体现石材的稳重风格，我们最终选择了石材百叶。建筑外墙由玻璃、铝合金板、石材等要素构成。双层幕墙将建筑物包裹起来。玻璃在里侧，石材百叶在外侧。一方面防止阳光直射入图书馆，避免对书的损伤；另一方面可以使进入图书馆的光线更加柔和自然。

为了表达并转化传统建筑特有的尺度感，石材正面为"荔枝面+凿毛面"的表面处理。凿毛面作为第二层肌理，丰富了石材百叶的建筑表情，同时达到了进一步削减尺度的目的。在两侧和背面采用哑光的加工工艺，通过光影的变化塑造生动的建筑表情。宽90毫米、厚150毫米的竖向花岗石条，以190毫米的间距布置。成片的石材百叶嵌入外墙基面，悬挂的条形石材彼此脱开，显现出石材幕墙的建造方式，在获得连续

界面的同时，获得可"透气"的外墙界面，并满足采光通风和遮阳降噪的内部功能要求。石材百叶的连接方式为：石材棍剔槽扣在钢芯上，坐在下面的钢片上，和后面的主体结构相连。

建筑外观虽然感觉像石材，却能让柔和的光线射进去，实现明亮透明的室内环境。从不同角度看，石材的影子带来丰富的视觉变化。石材百叶与玻璃幕墙的组合将引入室内的光线在白色墙面和阅览空间相互碰撞交织，随着时间的更替而变换着表

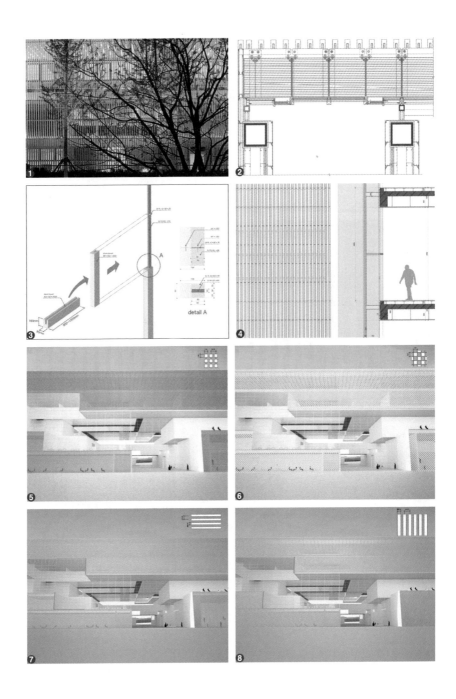

❶ 石材百叶幕墙
❷ 平面幕墙节点
❸ 石材百叶连接节点
❹ 立面节点
❺ 100毫米×100毫米的组合
❻ 300毫米×300毫米的组合
❼ 横向百叶组合
❽ 竖向百叶组合

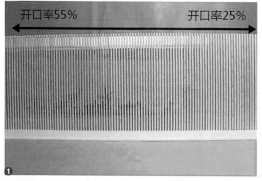

开口率55% 开口率25%

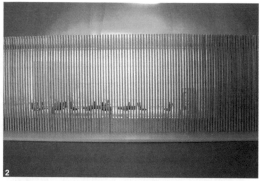

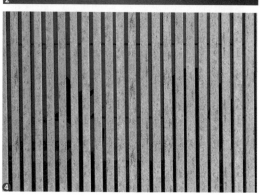

书架区域
降低开口率维持适当的自然
光和热度，利于书籍保护。

阅览区域
提高开口率创造明亮的空
间、眺望视线好的环境。

❶ 白天的状态。通过百叶的开口率来调节各区域
的光线和视线

❷ 夜晚的状态。光纤透过百叶内部散射到外面，
形成和白天不同的景象

❸ 开口率55%的部分（百叶宽90毫米，百叶厚
150毫米，间距200毫米）

❹ 开口率25%的部分（百叶宽150毫米，百叶厚
150毫米，间距200毫米）

❺❻ 结合内部的空间功能改变百叶的开口率，调
节光线和视线

❼ 经过百叶，柔和的自然光射进室内

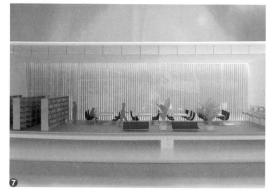

❶ 铝板墙
❷ 白色铝板墙面

情，创造了宁静而明亮的阅览空间。到了夜晚，室内漫射出来的光线增添了通透感，让它看上去有了丰富的变化、表情。

白色铝板墙面

　　天津图书馆的内装设计极其简练，但内部却是相当复杂而丰富的空间。墙面重叠组合的特征作为建筑的要领，被充分表现出来。除在阅览室的墙面布置了书架外，在其他墙面都用白色的铝合金板作为饰面。白色铝板形成的基面因其材料的质感、色

❶ 像书墙一样的拼接方式
❷ 45度菱形的拼接方式

彩、对光线的反射、折射等属性的差异，在内部空间营造出不同的氛围。那些简约的白色墙面、立方体的错位、简单的重复制造出让人感到奇妙的空间，和表皮自身所表达的纯洁性。

墙面书架和铝合金板的分格对齐，强化了整个墙面的统一感。为了缩短工期和降低成本，铝板均按宽600毫米、高340毫米的规格进行划分，为了尽量减少现场的工作量，全部在工厂加工完成。通过四周倒边，形成3种不同厚度的铝板单元，通过无规则地穿插布置，完成了整个墙面的丰富肌理，使得大幅、简洁的墙面看上去并不单调。铝板的面层涂料略有光泽，具有一定的镜面反射效果。虽然室内的主色调是纯净的白色，却能够在视角、距离、光源变化之下，呈现出各式各样的微妙表情。

山本理显的最初方案是3种厚度——2毫米、4毫米、6毫米的铝板，通过错位相

❶ 地面按80毫米×600毫米划分的效果
❷ 地面按600毫米×600毫米划分的效果
❸ 地面按600毫米×1200毫米划分的效果
❹ 地送风风口与地面的结合

接来形成明确而干净的肌理。目前国内的建筑材料机械化加工水平还不高，加工工艺的滞后使材料所表达的丰富度远远不够。用刨子锯掉几毫米厚的铝板的四边，机器都无法在短时间内加工出来。由于工期紧张和成本过高，没能完全实现山本的想法。对于铝板的交接与组合，还尝试过不同的方案——一个是45度菱形的拼接方式，还有直接像书墙一样拼接的方式，从而构成凹凸起伏的墙面。

地面石材的分隔

使用相同的石材、不同的分隔方法及表面做法，也能使空间所表达的氛围随之产生相应的变化。与入口直接相连的是贯通南北的大厅，光线透过屋顶百叶，不仅使整个内部空间变得明亮，而且映射出斑驳的光影，洒落在白色墙面和地面上。在首层通廊的地面采用了深灰色的石材，深色地面和白色墙面形成反差，构成了空间整体的

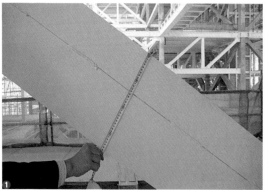
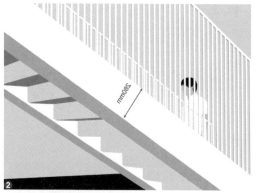

❶ 楼梯梯跑侧梁实施宽度
　——360毫米
❷ 楼梯梯跑侧梁设计宽度
　——280毫米
❸ 楼梯梯跑施工照片

平衡性。黑色的没有光泽的石材，营造出空间整体的沉静感，又能与各种家具及陈设相协调。在室内，以纯净的白色、灰色为背景，色彩丰富的书籍与穿梭其间的读者被映衬出来，成为空间中动静相宜的两位主角。

　　我们考虑了不同的尺寸拼接方式进行地面分隔，包括80毫米×600毫米、600毫米×600毫米、600毫米×1200毫米等。除了形式上的美观，还要综合考虑其他专业的要求和使用等相关因素。比如结合建筑内部空间高大、贯通的特点，在公共空间采用了地板送风空调系统，送风口采用的是颈尺寸为200毫米的专用地板风口，风口的位置及间距直接影响着分隔尺寸的确定。针对图书馆这种使用频率较高的公共场所，考虑到北方地区易积灰的特点，以及日常的地面清扫和后期运营管理等因素，也不宜选用较小尺寸的地砖。综合了各方面的因素，最后决定使用600毫米×1200毫米规格的地砖。

钢楼梯

在这个项目的设计实践中，遵循着现代主义建筑的某些基本原则：追求简洁洗练的建筑形态，偏爱现代化的建筑材料，着迷于对建筑的细节和构造节点的控制。这些离不开其他专业的精心设计与配合，也不可避免地要处理各种各样的问题所带来的矛盾。

例如，楼梯作为将水平空间在竖直方向上加以联系的空间构件，经常成为建筑内部空间里面重点打造的部分，往往体现着建筑师独特的理解。在图书馆的设计中，建筑师希望将钢楼梯以一种纤细、精致的形象展示出来。楼梯截面即为结构最原始的形态。如果将梯跑两侧挡板的宽度控制到最小，结构尺寸最小化，踏步的折面与侧面挡板的尺寸可以达到280毫米，折跑即为承重的构件。但是由于8个交通核上下贯通地支撑着整座建筑，经过结构的计算，折板式的梯跑无法满足结构受力的要求。最终，挡板截面的尺寸只能做到360毫米，并在梯跑的下面搭了一个贯通的梁。这也是设计过程中的一个小小遗憾。

关于天津图书馆的内装及标识设计——以人为本的室内效果营造

The Interior Design and Logo Design of Tianjin Library

文 西田浩二

译 牛征

　　天津图书馆的室内设计中，最关键的是将巨大的吹拔空间做得生动有趣。尤其在一层，与入口直接相连的是贯穿南北的大厅，日光透过吹拔顶部的天窗照射下来，感觉如置身室外一般明亮、开放。因此，在考虑吹拔部分的墙面装饰、家具、标识等室内设计时，与其说是做内装设计，不如说是采用了街道、建筑外墙的设计手法。

墙面处理·书架

　　内部空间中，如何处理既承担着结构体大梁的作用、又呈现为大幅墙面（尤其是面对吹拔的地方）的部分是至关重要的。墙面主要由书架和白色铝合金板构成。对于墙面书架，采用薄钢板（厚度为4.5毫米）做纵向支撑材料。当书架上布满图书时，它仿佛不存在了。一本本图书集合起来，书架变得模糊。相反，书籍本身成为内装的构成元素。

墙面处理·铝合金板

　　在不设书架的地方，采用铝合金板做饰面。这么大范围的墙面设计我们也是第一次做，因此比较了各种材料的效果，对于钢板、石膏板、铝合金型材等材料进行了研讨。为了确认材料在庞大空间内的效果，我们做了无数次模型进行研究。最终，综合考虑工程造价及施工方法，决定用铝合金板做饰面材料。随后，开始研究具体的板

材分割及细部设计。我们认为做白色、平整的墙面不现实，因此选择了肌理富有变化的做法。一块铝板的尺寸是600毫米（宽）×340毫米（高），和书架的模数一致，比一般的铝合金板材小。我们采用了一块平板、两块四角倒边的厚度不同的板材，将三种板材无规则地穿插布置。之所以选择三种厚度不同的板材，也是考虑到在巨幅墙面上布满板材时，怎样做才使得必然出现的施工误差变得不显眼。板材表面具有光泽，将周围的景象映射出来。从远处看，墙面是白色均匀的，但稍微靠近一些，就能感觉到由于板材的凹凸所呈现出的肌理。此外，随着屋顶天窗投射下来的光线的角度变化，板材呈现出各式各样的表情。虽然在每一处使用相同的装饰材料，但由于距离、光线的变化，显现出各式各样的景象。在吹拔中漫步，完全像置身于街道上一般，能够感觉到各处不同的氛围。

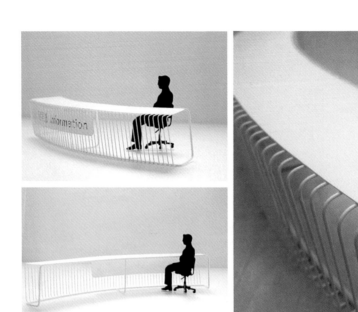

图书馆内部家具

墙面处理·书架

　　在一层通廊中，布置了巨大的圆弧形家具、总接待台和坐凳、电子显示屏等，以满足各种功能需求。在这样的巨型空间中，我们没有放置一般人体尺度的家具，而是遵循着使用大型家具或者小型建筑的理念推进着设计工作。和建筑的结构一致，我们仔细研讨了犹如重叠交错的墙面一般的家具以及强调南北通透的细长家具，等等。关于家具，做了很多模型来确认它和建筑的关系以及它的合适尺度。通过反复研讨，我们确定使用不破坏吹拔空间的识别性、沿水平方向呈圆弧状向外扩散开来的家具。各式各样的家具与布置在通廊左右的功能空间（展厅、餐厅等）相呼应，从通廊两侧向中间自然地渗透。家具的顶板由大量细小的钢筋支撑起来。在一层时，难以觉察到圆弧家具的立体感，看上去像是一块块薄板悬浮在那里。但是到了上一层向下望，看到家具呈自然伸展的圆弧状布置，便可以感受到它们的存在。家具和墙面装饰一样，在不同的角度、位置，呈现出各式各样的形态。

白房子
—
WHITE HOUSE

图书馆内部实景

标识设计

对于如此巨大而功能多样的建筑来说，标识设计非常复杂。读者从入口门厅进入一层通廊，到最终找到想要的书籍，需要在各场所分阶段设置的标识作指引。其中，在一层通廊内能够清晰地知道各层的功能，尤为重要。我们有效地利用铝合金板的装饰墙面，设置了如文字室外广告牌及标志一般大的标识。在墙壁拐角处，将标识折弯。图书馆是收集文字信息的地方，因此尽可能不用绘画或图案来表现标识，而只采用了文字。文字用即时贴刻出来，直接粘贴在墙面上，就像直接书写到建筑上一样。一般情况下，在建筑完成之后，再将标识布置于其中，而我们设计的标识和建筑

融为一体，标识本身就是建筑设计的一部分，或者说建筑本身就是提供信息的源头。

市民的喜爱

图书馆开馆后，很多市民进来游览。除了读书的人，还有坐在长凳上聊天的恋人、织毛衣的老奶奶、在通廊中走来走去或藏在家具下面玩耍的小朋友，等等。各式各样的人，做着各种各样的事。这种景象，与其说在图书馆中，不如说像是置身于公园、街道的氛围中，而这恰恰是我们追求的空间模式。我们感到非常欣喜。今后，仍然期待着它像开放的公园一般，深受市民喜爱，被持续地使用下去。

细节
————

执行

节点分析　实验优化

Node Analysis and Experimental Optimization

 杨贺光

对于天津图书馆结构新体系的实现，节点设计优化和质量控制是关键。本工程使用的结构构件类型繁多，构件功能复杂多变，断面尺寸小而板件厚。从构件的板件而来的拉力流和压力流均汇集于节点域。经过节点实物试验及反复进行的数值计算研究，最后以"贯通方式"的研究为抓手，疏通主力流，合理安排次力流，采用"疏堵相济"的思路，顺利完成了节点设计优化及质量控制。

一、引言

天津图书馆建筑空间丰富，设备复杂，层高限制严格，现有轧制型钢不能满足构件的受力需求，结构构件主要由钢板焊接而成的型钢（H型和箱型）作为结构受力主体，部分钢板厚度在30至38毫米之间。

当受拉连接板件与板厚超过30毫米的板件焊接时，厚板存在层状撕裂问题。基于此，在梁柱节点域部位，选择柱的板件贯通或梁的板件贯通、桁架节点部位弦杆的板件贯通或腹杆的板件贯通等，不仅将直接决定力流的传递方式，而且还将决定节点的外形，进而影响建筑空间的塑造。上述"贯通方式"确定后，随后应决定采用何种方式将"非贯通板件"与"贯通板件"进行连接。

本工程共有45根竖向到顶的柱，占总量的40%左右，其余柱在中间不同层被截断，见下图。在24.795米标高层及屋面层，竖向荷载均通过45根竖向柱传递。结构体系要求45根竖向到顶的柱全部采用矩形管混凝土结构，其余柱子均采用纯钢结构箱型柱结构。

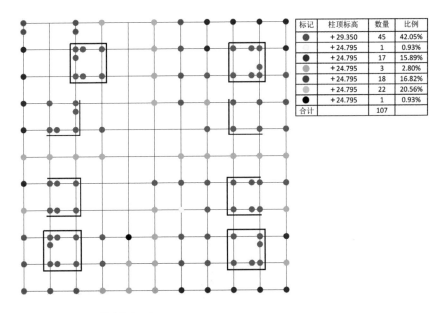

标记	柱顶标高	数量	比例
●	+ 29.350	45	42.05%
○	+ 24.795	1	0.93%
●	+ 24.795	17	15.89%
●	+ 24.795	3	2.80%
●	+ 24.795	18	16.82%
○	+ 24.795	22	20.56%
●	+ 24.795	1	0.93%
合计		107	

钢柱平面布置及核心筒支撑布置图

二、节点设计优化及质量控制

1. 纯钢结构箱型柱结构与梁连接节点

对于纯钢结构箱型柱结构，按国内的抗震规范，一般采用柱贯通型（即柱身的各板件-贯通板件-连续通过节点区，和梁连接的隔板-非贯通板件-采用对接焊形式焊接于柱身板件上），见下图。本工程中，上述的柱断面尺寸及厚度满足规程要求。经过有限元分析，采用规程的方式不仅能满足节点受力需要，而且便于质量控制。

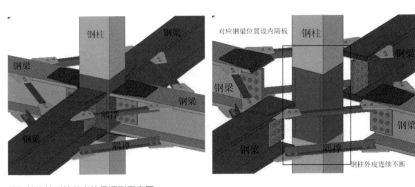

纯钢结构箱型柱节点柱贯通型示意图

柱贯通型

带短梁内隔板式
钢梁对应位置设内隔板

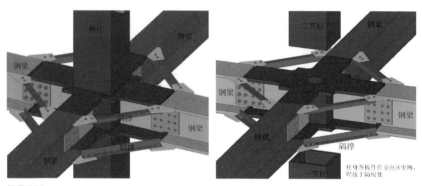

梁贯通型

矩形钢管混凝土结构节点柱梁贯通方式示意图

2. 矩形钢管混凝土结构柱与梁连接节点

对于矩形钢管混凝土结构柱，国内规程也一般采用柱贯通型（即带短梁内隔板式、内隔板式、外隔板式），规程适用的柱断面尺寸比较大，板较薄；在日本，对于板件厚度小于16毫米的轧制矩形管采用梁贯通型（即所谓外伸内隔板式，柱身各板件在节点区中断，焊接于隔板处），见上图，但国内很少采用。

本工程矩形钢管混凝土结构柱，大部分钢板的厚度在30至38毫米之间，截面尺寸在500毫米左右，板厚大，断面尺寸小。如果采用柱贯通方式，一则柱壁板存在层状撕裂问题；二则柱内与梁对应的内隔板需要开一个直径200毫米的浇注孔及4Φ50毫米的出气孔，将导致隔板净截面强度不足。基于此，我们对于此类柱进行综合考虑，采用了梁贯通的方式进行优化设计；其余情况下采用了柱贯通型（节点一至节点三）。

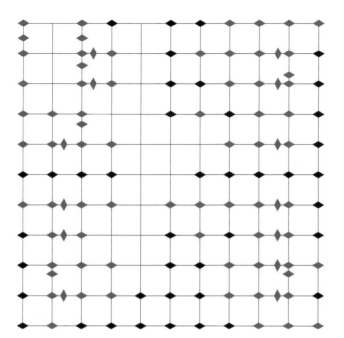

标记	节点名称	标高	数量	比例
	节点一(隔板贯通节)	+7.02	80	65%
	通用节点	+7.02	43	35%
合计			123	

7.02m标高层梁柱节点布置图

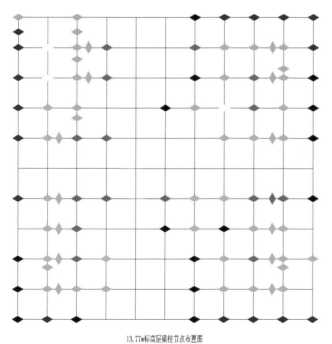

标记	节点名称	标高	数量	比例
	节点一(隔板贯通节点)	+13.77	16	15%
	通用节点	+13.77	16	15%
	节点二(梁柱外勤节点)	+13.77	16	15%
	节点三(梁柱外加强环节)	+13.77	54	52%
	铸钢节点	+13.77	3	3%
合计			105	

13.77m标高层梁柱节点布置图

各层梁柱节点分布图

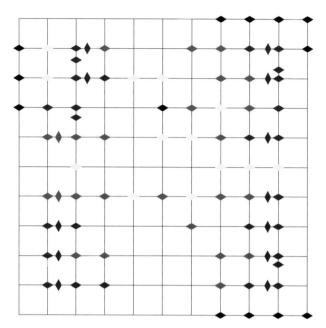

标记	节点名称	标高	数量	比例
	节点一（隔板贯通节点）	-20.72	25	28%
	通用节点	-20.72	12	14%
	节点二（梁柱外肋节点）	-20.72	39	44%
	铸钢节点	-20.72	12	14%
合计			88	

-20.72m标高层梁柱节点布置图

标记	节点名称	标高	数量	比例
	节点一（隔板贯通节点）	+21.995	20	19%
	节点三（梁柱外加强节）	+21.995	43	41%
	跃层节点	+24.995	21	20%
	铸钢节点	+24.995	21	20%
合计			105	

24.995m标高层梁柱节点布置图

各层梁柱节点分布图

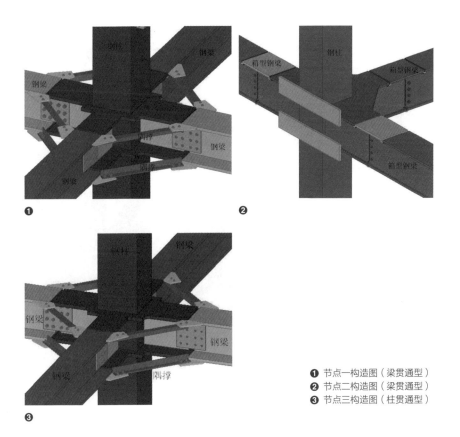

❶ 节点一构造图（梁贯通型）
❷ 节点二构造图（梁贯通型）
❸ 节点三构造图（柱贯通型）

　　关于梁贯通式可供借鉴的经验比较少，因此我们不仅做了节点实验和大量有限元数值分析，而且认真汲取了1995年日本阪神地震、1994年美国洛杉矶地震的经验，采取了以下措施进行质量控制。

　　a. 隔板材质采用Q345GJC，控制硫、磷含量；b. 隔板与梁翼缘板的拼接点外移至梁塑性铰区外部；c. 严格控制隔板开孔大小及位置；d. 控制隔板边到柱边的距离，躲开焊接热应力影响区；e. 工厂及现场焊接采用多层多道焊，细化焊缝金属的晶粒，增强延性；f. 焊缝等级为一级对接焊缝；g. 对焊缝区控制预热和后热温度。

3. 桁架连接节点

　　本工程涉及的桁架形式多样，基本上以东西向桁架为主桁架，以南北向桁架为联系桁架，但南北向桁架在F轴线处为主桁架。桁架高度一般为两个楼层高度，部分为多个楼层高度。建筑内部的空间需求，使得桁架的节间变化多端，但基本表现为空

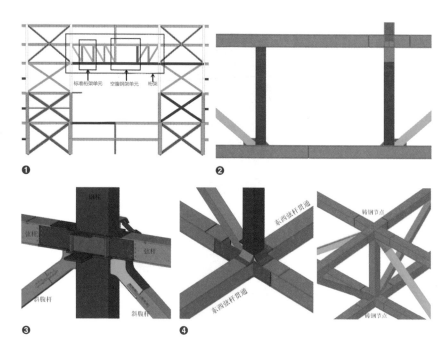

❶ 标准桁架单元与空腹刚架单元结合典型示意图
❷ 桁架空腹刚架单元节点加强示意图
❸ 桁架与钢柱节点构造图
❹ 桁架与桁架节点构造图

腹刚架单元和标准桁架单元的组合。经过分析，对桁架节点采用弦杆贯通型，对空腹刚架节点采取了增强节点刚性的措施。对桁架弦杆与钢柱的连接，遵循梁柱连接节点的设计原则；而对斜腹杆的节点，则采用了圆弧倒角的方式，并在圆弧处设置了横加劲板。

对于桁架与桁架的连接节点，根据主次关系选择弦杆的"贯通方式"——主桁架弦杆贯通，联系桁架弦杆非贯通。对受力特别复杂或者特别重要的交错桁架节点，则选择铸钢节点。

4.一般楼面次梁与框架梁连接节点

对于一般楼面次梁与框架梁连接，采用铰接处理。如外侧悬挂有幕墙，需要次梁出挑，则将次梁与框架梁做成刚接节点，将框架梁变成箱型截面，以抵抗不平衡弯矩带来的扭矩。

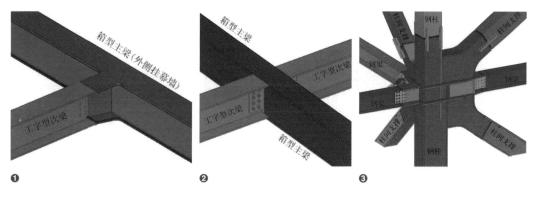

❶ 悬挂幕墙处次梁与框架梁节点构造图
❷ 楼面次梁与框架梁节点构造图
❸ 柱间支撑与框架梁柱连接节点构造图

5. 柱间支撑与框架梁柱连接节点

依据动力弹塑性分析可知，柱间支撑为第一道防线，杆件在大震时会首先形成轴力铰屈服，其屈服耗能后，框架梁会继续保持弹性状态。支撑与钢柱的连接节点，需要在杆件屈服过程中保持弹塑性状态。为此，我们不仅采用圆弧倒角的方式将支撑杆件的上下板变为水平板，扩大节点域的尺度；并在圆弧处设置横加劲板，既能在支撑受力时平衡圆弧面外的分力，又能使支撑屈服点外移，满足支撑杆件充当首道防线的需要。支撑与梁柱连接节点做法见上图。

三、结论

为了验证上述各部位节点设计思路的正确性，我们选择部分节点进行了试验验证和有限元分析。结果表明，本工程采用的节点"贯通方式"及相应的构造措施，能够满足新结构大震弹塑性分析性能的要求，保证构件及结构的正常工作。

老子曰："有之以为利，无之以为用。"天津图书馆建筑空间的独特形态，决定了结构新体系及节点的具体生成方式。新结构体系这个"有"如何为"无"（建筑空间）服务并再塑"无"？本工程节点"贯通方式"的研究、设计优化及质量控制，对此作了较好的诠释。

管线综合及内装配合
Integrated Network and Interior Coordination

 刘磊

　　如果把建筑物比作人的话，建筑是躯体，结构是骨骼，设备是器官，连接器官的是经脉。而建筑物中的经脉被称为管线，把风道、水管、桥架等管线进行合理的布局则称为管线综合。顺畅的经脉有利于人体的健康，同样，一个合理的管线综合设计，会为管线工程的施工、运行使用、管理维修创造有利的条件。

　　天津图书馆的管线综合是配合内部装修（以下简称"内装"）方案完成的。考虑到风道对内装效果的影响最大，这个艰巨的任务也顺理成章地交给暖通专业来完成。我全程参与了从方案到施工图设计，对风道和水管空间的位置算是比较了解。当时的工期紧，指挥部给了十天的时间，时间短，任务重，不容小视。正式开始后，才发现其困难远比想象的大得多。这个项目从建筑高度到结构形式，再到内装效果，对设备专业有太多太多的限制。在有的部位，管线不是简单地左右平移，或者上下错层就可以完成的。在有的部位，为了避免在某一点的交叉，甚至需要对周围的管线进行重新设计。总结起来，天津图书馆管线综合设计的难度有四个方面：建筑层高低、走道宽度小、风道尺寸大、结构斜撑多。

　　在办公用房区域，细长走道的梁下高度为2.85米，宽度为1.5米，如果将设备管线都敷设在走道内，会占用大量的垂直空间，无法保证内装要求的2.4米的吊顶高度，以后维修起来也是令人头疼的问题。最后，只能把桥架"挤"到房间内部，将走道空间留给了有漏水危险的水管及易传导噪声的风道。

　　在阅览区域，管线综合设计的内容主要是办公用房冷媒、喷淋管及卫生间的排风风道。貌似不多的管线排列在垂直高度为100毫米的空间内，依然是一件十分困难

❶ 施工现场照片
❷ 现场风道图

的事情。经过反复推敲和调整方案，按两道主梁划分系统，化整为零，对各个区域进行精细化设计，缩减管线尺寸，将所有管线的布置在梁内完成，这个问题才得以解决。

在电子阅览区域设置了多个为本层及上层服务的空调机房，空调形式也多为大风道的全空气系统，加之超长内走道内的消防风道，好在部分管线密集区在水平方向较宽松，布置后的吊顶高度也刚好可以满足内装要求，使4.257米的层高相对于其他几层没有任何优势可言。

五层的管线综合设计相对来说简单一些，吊顶内主要是一些回风及排风风道，少了一些大风道的交叉。但其中有个小插曲：施工中发现内走道有一根水平横梁，梁下净高2.4米。对于这只"拦路虎"，经过结构专业的处理，最后算是有惊无险地完成了设计。

设备夹层主要为新风机房，层高均为3.85米，这也是当时最令人头疼的地方。由于图书馆对噪声控制及地板送风系统的要求，风道内风速需要控制得比较低。因此，在相同风量的条件下，风道断面要比常规做法大一些，这也加大了管线综合的设计难度。而经过计算机模拟后的地板送风系统显示，一个几百平方米的阅览室需要数台机组进行空气调节，要在3.85米层高内尽量避免新风、回风、送风风道的交叉，确实不

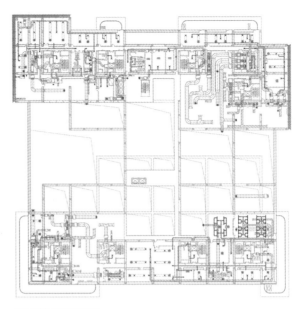

电子阅览风道平面图

是件容易的事情。

天津图书馆采用钢结构，里面有许多斜撑。由于高度确定，斜撑以外可利用的空间永远显得那么的"可怜"。因此，需要对采用什么尺寸的风道、在哪个标高上、水平定位是多少才能通过斜撑等问题进行反复推敲。

由于没有专业软件来进行管线综合设计，单凭经验及计算做如此大且复杂的管线综合，难免出现问题。事实也正是如此，虽然在设计中尽可能地考虑了施工条件，如结构形式、水管坡度、连接方式、保温厚度、检修空间等，但从实际施工来看，仍然有许多问题是无法避免的。由于多方面的原因，最后的管线综合施工也是随时修改，随时调整。

天津图书馆竣工已有三年多的时间了，现在回过头来看看当初的设计，会发现很多的不足，有自己当初没有考虑到的，还有本身带的"硬伤"。如设备夹层局部的新风管、回风管、送风管外加空调机组，几乎占据了整个竖向空间，迫使维修人员在如密林般的机房内检修设备。

在四层的视听资料借阅处，风道多处交叉。为保证整体的高度，我们把局部低点进行处理，形成了一处鼓包，影响到整体效果。在二层卫生间，由于一道主梁下

❶ 处理后的横梁
❷ 现场风道

皮几乎贴着吊顶上皮，因此只能在卫生间门口处排风，形成送排风短路，影响气流组织。

　　管综是最能体现"全过程设计"意义的重要环节，各专业人员的前期努力都依靠最后的完工效果来直观评价。所以，对于最后的环节，应从工程开始就加以重视并介入，才能保证工程最终的高完成度。

结构进行时

The Process of Structure Construction

 韩宁

完成了天津图书馆的研究与设计，可以说我们的工作才刚刚完成了一半，而对于施工单位的考验才刚刚开始。设计的复杂必定带来施工的难度，本工程对设计与施工相互配合的要求也远远高于一般工程。

钢结构安装施工

天津图书馆的建筑结构传力曲折，多数桁架以垂直交叉、多层重叠、吊挂及悬挑的方式布置。桁架相互支撑，互相依赖，很难区分出主次关系。为保证钢结构在施工过程中的安全性，我们根据结构特点和施工条件采用了适当的临时支撑体系，以保障钢结构的顺利安装。

临时支撑体系

临时支撑体系的应用改变了结构的受力性能，施工阶段杆件的应力甚至拉压状态等可能与结构设计中相差很大。拆撑的过程是施工阶段很重要的环节，在这个过程中，主体结构和临时支撑相互作用的复杂力学状态逐渐转变，荷载由临时支撑承担逐渐转为由主体结构本身承担，对于主体结构是加载过程，而对于临时支撑则是卸载过程，结构内力不断重新分布，最终实现临时支撑的荷载逐步向主体结构转移。

采用临时支撑的施工方法给设计和施工带来了一些新的课题和挑战。主要问题有临时支撑设计、荷载转换方案制定以及荷载转换过程中临时支撑和主体结构的内力与变形控制等。要解决这些问题，必须对施工荷载转换进行全过程模拟分析，预测主

结构桁架及临时支撑

体钢结构的内力与变形在各个阶段的发展及变化情况，将其控制在设计允许的范围之内，为制定合理有效的荷载转换方案和在实际施工过程中进行监测工作提供理论依据。

天津图书馆的主体钢结构施工方法新颖独特，荷载转换方案的成功实施保证了安装过程中各部位的稳定，分块施工、整体合拢加快了工程进度。施工监测验证了关键部位结构构件的内力变形的理论分析结果，证明了施工方案的合理性。对于今后复杂空间结构的施工具有重大参考意义，也为今后钢结构施工技术开发提供了宝贵的科学实践经验。

我们采用多种工况进行了结构安装的模拟分析，保证结构安装过程中的稳定。按照构件吊装及安装顺序，从第一榀（段）桁架开始，顺次在各桁架安装的相应节点设置临时支撑，直到第273榀（段）桁架安装结束，整个工程在不同标高处共设置了102根临时支撑。

临时支撑分为两种形式，其中圆管支撑94根，格构式支撑8根，支撑最大高度为

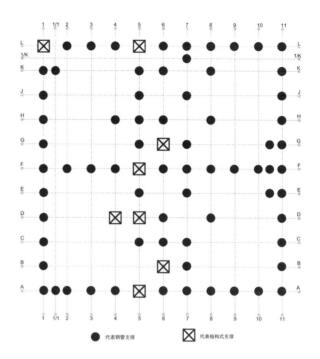

临时支撑平面布置总汇图

19米。高度小于15米时及高度大于15米、负荷小于150千牛时，采用圆管支撑；负荷大于150千牛时，采用格构式支撑。

施工分析了天津图书馆结构特点，采用了由上而下、由内而外的荷载转换方案，以及分级、同步的综合转换方法。荷载转换共分为六级，逐级进行，同层的荷载转换同时进行，各级荷载持荷时间为48小时。将每一级对应的临时支撑柱拆除，即完成本级的荷载转换。对于预留合拢位置的桁架设置了临时支撑，在结构完成合拢后再进行荷载转换。

第五级荷载转换完成后，进行预留合拢点的合拢。合拢完成后，进行第六级荷载转换，即完成主体结构的荷载转换。

钢结构构件拆改

对于一项复杂的工程，各专业间的协调与制约关系十分重要，很多矛盾及错漏碰缺有时在施工过程中才体现出来。在天津图书馆的施工过程中，我们遇到了大大小

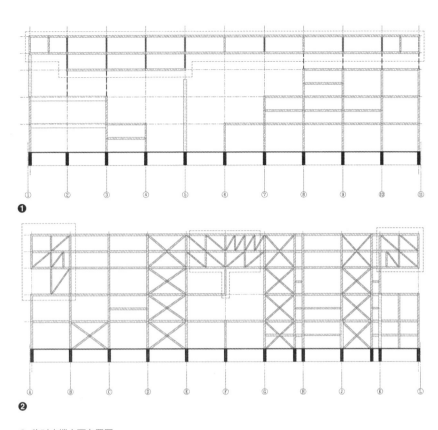

❶ 临时支撑立面布置图
❷ 需拆除杆件示意图

小的各类矛盾和问题。其中出现的最大问题就是局部桁架斜腹杆和梁影响了建筑的通道，这是十分严重的问题。最致命的是：这种情况发生在钢结构现场拼接完成、临时支撑全部撤除、荷载转换完成之后。

为满足建筑通道，必须完成下列拆改：截除3轴桁架F轴南侧斜腹杆；截除8轴桁架K轴南侧水平附加杆底部1/2截面高度。

拆改前，我们从两个方面进行技术准备。一是拆改部位各种工况下的应力分析；二是拆改的施工方案。

3轴桁架为四层及五层两层通高的双层桁架，以E轴和G轴落地柱为支座，跨度为20.4米（以下简称桁架1），为F轴桁架（以下简称桁架2）提供支座，与桁架2在五层相交处节点为铸钢节点，需要拆除的斜腹杆下端与铸钢节点相交。

我们分析了需拆改的桁架：在3轴桁架将指定斜腹杆取消后，将桁架1该节间由一般桁架变为空腹刚架，变形增加，从而使荷载向邻近杆件转移。转移过程中，杆7起主要作用，荷载加大并传至中层弦杆，最后向G轴支座传递。

应力分析按照最大应力状态、正常使用状态以及拆改期间三种情况进行考虑。最大应力状态为考虑包括水平地震力与竖向地震力等在内的各种工况组合的最大值；正常使用状态考虑了1.2恒荷+1.4活荷工况，活荷载取值为6千牛；拆改期间状态考虑了1.2恒荷+1.4活荷工况，考虑现场实际情况，活荷载取值为3千牛。结构可能出现的受力状态为：拆改后最大应力状态、拆改后正常使用状态、施工拆改前后应力四种应力状态。

下表为杆件最大内力比较。

表1 杆件最大内力比较

件号		最大应力状态							
		应力比		轴力(KN)		弯矩（KN·m）		剪力(KN)	
		去杆前	去杆后	去杆前	去杆后	去杆前	去杆后	去杆前	去杆后
腹杆	1	0.559	0.579	3430	3454	43	45	13	15
	2	0.458	0.597	-3322	-3059	-245	553	-113	-260
	3	0.597	0.542	-2871	-1232	-241	-344	-111	-161
	4	0.654	0.578	3680	3205	-150	-182	-62	-66
	5	0.772	0.758	7168	7101	-60	-60	15	15
	6	0.469	0.487	-2038	-2728	379	497	-159	-214
	7	0.791	0.892	7398	8635	-61	-61	-15	-15
弦杆	8	0.445	0.442	-1632	-1672	358	374	151	164
	9	0.490	0.487	-447	-530	471	1203	-302	-891
	10	0.490	0.487	-329	-309	166	-611	-166	329
	11	0.360	0.351	-1588	-1483	553	-483	330	315
	12	0.462	0.549	888	884	700	1590	-383	-1123
	13	0.462	0.549	-2313	-2311	-372	-662	-259	298

表2 位移比较

节点号	最大应力状态		1.2恒+1.4活（活荷6.0KN）		1.2恒+1.4活（活荷2.0KN）	
	去杆前	去杆后	去杆前	去杆后	去杆前	去杆后
A	-23.7	-24.4	-18.2	-19	-17.6	-18.1
B	-18.9	-19.5	-12.8	-13	-12.4	-12.8
C	-18.0	-17.3	-12.8	-12	-12.5	-11.7

　　由计算结果分析，拆改过程中虽有杆件的应力转移，但剩余杆件的应力及变形均能够满足规范要求。而且由于拆改阶段杆件应力水平较低，拆改过程中可以不做临时支顶。

　　8轴拟拆改桁架（以下简称桁架A）以K轴桁架（以下简称桁架B）为支撑点，桁架B以7轴和9轴处落地柱为支座。桁架A是以桁架B为支座的悬挑桁架，桁架A中杆件a所在节间为加强型空腹刚架。杆件a承受轴力很小，为受弯构件。

　　对拆除水平直腹杆前后受力状态进行比较可知：桁架A中杆件a的变动不影响桁架B的支座性质，由于桁架A在轴线K~L是以桁架B为支撑的悬挑桁架，保持部分水平直腹杆有利于拆改过程的应力转移。考虑该情况，我们保持其支座不变，将杆件a下部高度切除200毫米，补齐下翼缘。

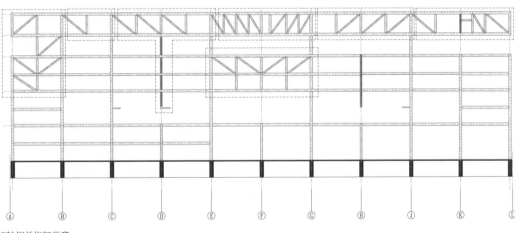

8轴相关桁架示意

经计算，完全取消杆件a后，在最大应力状态时，周围杆件最大应力比为0.777，正常使用状态时，周围杆件最大应力比为0.772，安全储备较大。故将杆件a部分保留，作为内力缓慢转移的过渡杆件，即使此杆件达到较高的应力水平，结构的安全性依然可以得到保证。

表3 杆件最大内力比较

杆件号	最大应力状态							
	应力比		轴力(KN)		弯矩（KN·m）		剪力(KN)	
	去杆前	去杆后	去杆前	去杆后	去杆前	去杆后	去杆前	去杆后
1	0.7	0.668	−1228	1477	−726	−849	632	535
2	0.7	0.741	−1782	−1629	738	838	628	516
3	0.7	0.668	−2047	−1856	811	855	600	500
4	0.7	0.741	−953	−1259	−911	−941	656	548
5	0.6	0.679	1135	1150	−1141	−1419	819	1056
6	0.7	1.173	38	40	−1095	−497	862	391
7	0.6	0.727	834	843	−1405	−1651	1001	1209

根据上述计算，拆改指定杆件后，相邻杆件的受力状态没有大幅度变化，内力最大增加幅度为10%左右，桁架整体受力状态以及变形均满足规范要求。现阶段无论是恒荷载还是使用荷载均远小于设计荷载，整体应力水平较低，拆改指定杆件不会影响结构安全和正常使用。

因图书馆整体结构荷载转换已经完成，桁架内部各杆件均已达到稳定受力状态，此次拆改过程将导致相关杆件应力状态的变化。经设计计算分析，最大变化幅度为10%左右。此次拆改施工的宗旨为，在保证结构安全的前提下，采取必要的措施，使杆件内部应力呈现较为平稳的转换方式，尽量降低因局部杆件应力突然变化对整体结构受力状态带来的负面影响。

需拆改位置、应力变换最大构件以及减小构件高度后的截面形式如下图。

在与拆除斜腹杆相邻的杆件上放置应变片，随时监控构件的应力变化情况，如发现构件内应力接近或超出设计允许值，应立即停止施工，采取其他方案。

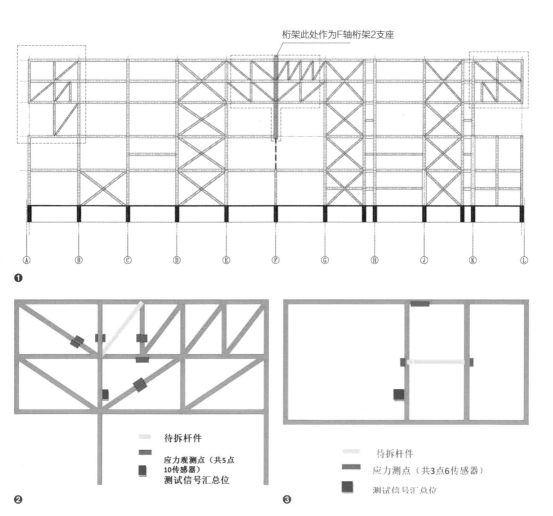

桁架此处作为F轴桁架2支座

Ⓐ Ⓑ Ⓒ Ⓓ Ⓔ Ⓕ Ⓖ Ⓗ Ⓙ Ⓚ Ⓛ

❶

待拆杆件

应力观测点（共5点
10传感器）
测试信号汇总位

❷

待拆杆件

应力测点（共3点6传感器）

测试信号汇总位

❸

❶ 斜腹杆位置图
❷ 3-F轴斜腹杆监控点布置图
❸ 8轴桁架水平直腹杆变截面监控点布置

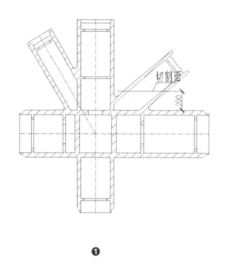

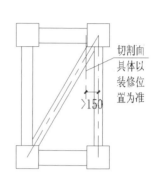

❶ 斜腹杆下端切割面示意图
❷ 斜腹杆上端切割面示意图

具体的切除位置为：斜腹杆下端与铸钢节点连接，切断位置定于弦杆上200毫米处；斜腹杆另一端与桁架上节点连接，切割位置定于腹杆FG1a中心线左侧装修位置处。

具体的切除工艺为：首先在斜腹杆中间进行火烤，当构件加热温度达到500℃~600℃时，放慢升温速度，使斜腹杆应力得以充分地重新分布。当温度加热至1100℃~1150℃时，进入气割阶段，气割速度保持在200毫米/分，将斜腹杆分为两段。

斜腹杆分为两段后，按照两端预定的切割位置，进行气割施工，气割速度保持在200毫米/分。施工过程中，采用倒链进行保护。

完成施工监测准备工作后，对8轴桁架水平直腹杆进行火焰切割，切割过程遵循

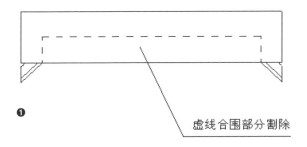

虚线合围部分割除

① 水平直腹杆切割面示意图

重新焊接翼缘板

封堵

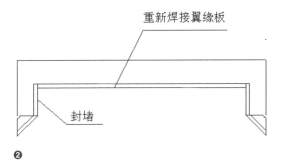

❶ 水平直腹杆切割面示意图
❷ 下翼缘焊接及封堵示意图

先腹板后翼缘的顺序，最终将下翼缘板全部割掉，保留1/2腹板。将重新制作的翼缘板与切割后的腹板进行焊接，并将两侧孔洞进行封堵。

此步骤完成后，逐渐松开葫芦，并对桁架沉降变化进行跟踪观测。

以上两个拆改部位施工完成后，对外露部分重新进行防腐处理及涂刷防火涂料，并对构件的内力变化和桁架整体的沉降状态进行连续的跟踪观测。

经观测及四年来的使用证明，拆改后的结构受力及变形满足要求。

灯火阑珊处

The Lights Dim of Modern Library Building

 文 金彪

引言

景观照明设计，无论是以文化保护为主题还是以人文活动为中心，都需要应用景观设计手法，结合其空间构成要素，以其功能需要为中心，建构出符合公众行为心理的、适时适地的景观环境。建筑景观照明设计的目的不仅是提供给人们舒适的活动空间，更是要营造出怡人的景观空间，使建筑物外部空间处于积极的状态，与建筑内部空间有机地结合起来，使建筑的整体空间能够和谐一致并得到长久发展。

一、设计方案原则

整个文化中心的景观照明不是区域性高亮照明区域，在城市广场中的定位应是使人放松的、安静的、局部点亮的城市绿色漫步空间，亮度不宜过亮。同时，各建筑物的照明基调依靠投光灯及建筑物的内光外透照明，体现文化中心建筑的高雅品质，利用面性照明体现石材表面的整体统一性，力图使文化中心在喧嚣的都市空间中成为市民舒适的休闲场所，同时为今后周边发展高密度城区提供优雅的高品质照明空间。

天津文化中心景观照明有广场、绿化、道路、水体等不同的景观载体。各个不同的景观构成要素会在夜间展现出其特有的艺术主题和视觉美感。建筑包含了阳光乐园、图书馆、博物馆、美术馆、大剧院及自然博物馆。天津博物馆、美术馆、图书馆、青少年文化中心体量相当，材质相似，照明设计采用暖色光来表现建筑结构，在夜色中形成富于变化的天际线，衬托天津大剧院的辉煌。

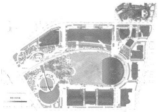

❶ ❷ ❸

❶ 动静分区分析图
❷ 亮度分区分析图
❸ 色温分析图

　　在保证整个文化中心景观照明的整体效果下，天津图书馆在灯光设计上主要突出"静"，利用室外投光照明、外檐石材百叶照明、内光外透照明的组合方式实现整个图书馆的景观照明设计，不仅体现出建筑物稳重、大气的特质，也体现出建筑物内涵深厚的艺术气息。采用大量的LED灯、金卤灯、节能荧光灯等节能灯具及智能照明控制系统，体现了节能、环保的设计理念。

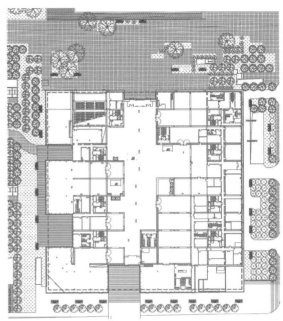

室外投光灯照明图

二、技术实施

1. 室外投光灯照明

对于室外投光灯而言，最大的难点就是既要体现建筑物的特质，又要与周围环境做到和谐统一，设计施工阶段经过大量的调整、现场调试，最终采用了图示的现场布局。

将108盏色温为3000开尔文暖色光、功率为250瓦特的金卤灯组成27组灯组，结合周边绿化，分别布置于图书馆东、西、南、北四个方向。将27组灯组按每2至3组分别接于不同的回路上，根据场景分组燃亮，用于展现建筑物主体效果，配合建筑物外挂米黄石材百叶幕墙的特殊纹理，不仅衬托了建筑物稳重、大气的气质，而且突破了整面石材幕墙投光效果过于呆板的效果，增加了几分微妙的纹理变化。

2. 外檐石材照明

石材照明与石材材质、现场安装距离等因素密切相关，少一分则暗淡无光，多

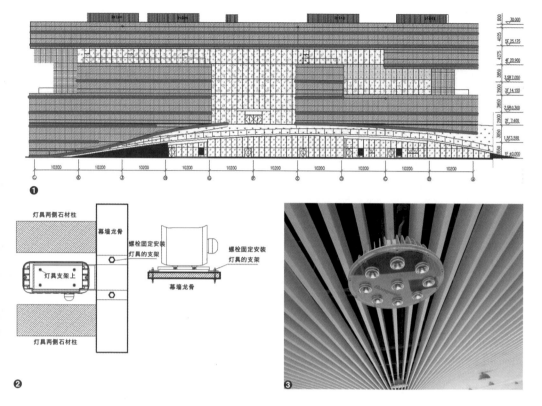

❶ 西侧石材百叶立面照明图
❷ 灯具安装示意图
❸ 灯具实景

一分则喧宾夺主，无法突出外檐的线条。实践出真知，经过大量现场试验、现场调试，唯采用由色温4000开尔文白光、功率5瓦特的LED灯组成若干LED灯带，结合建筑物外檐石材设于东、西、南、北四个方向的横向石材百叶缝隙间，LED灯采用36°透镜，不仅突出了石材百叶的线条美，而且增添了百叶的明暗变化，使其更具层次感。

采用螺栓将灯具支架固定安装于缝隙间的百叶龙骨上，外檐管线结合石材龙骨布置，在满足了技术要求的前提下又不失美观。垂直线缆依附于石材龙骨，沿防水线槽敷设，线槽牢固固定于型钢龙骨上。外檐各LED灯组回路的水平线缆均由防水线槽引出，穿热镀锌钢管沿水平龙骨支架敷设。在每只灯具后部设置防水接线盒，结合龙骨设置，以达到隐藏的效果。

3. 内光外透照明

　　内光灯结合室内照明的使用要求，在大厅挑高部位、大阅览室、休息大厅等大空间处使用色温4000开尔文的LED灯，在借阅室、工作室、咨询室等小空间处使用色温4000开尔文、功率不等的LED嵌入式筒灯、格栅荧光灯，在满足了室内照明的使用前提下兼顾了内光外透的景观照明。结合图书馆内白色基调的装修风格、外檐的呼吸

玻璃幕墙的透光性以及石材百叶的线条变化，使内光外透更具通透性，步行于图书馆周边也会被馆内轻松、安静的学习生活的氛围所感染。

而对于高大空间安装灯具的维护也真是让设计师挠头（为了不影响高大空间的整体效果不设置维护用马道），还好有"蜘蛛车"解决了建筑与设备专业之间的矛盾。

❶ 整体灯光鸟瞰效果图——平日
❷ 整体灯光鸟瞰效果图——节日

整体灯光鸟瞰效果图——重大节日

4. 节能控制

景观照明控制方式采用智能照明控制系统，根据平时、一般节日、重大节日三种场景划分控制回路：1级（平日）控制下，外檐石材LED灯全部开启；2级（普通节日）控制下，外檐石材LED灯全部开启，室外投光灯开启一半；3级（重大节日）控制下，外檐石材LED灯全部开启，室外投光灯全部开启，内光外透全部开启，在满足使用要求的前提下做到节能最大化。对于外檐石材照明、室外投光灯，通过管理计算机及无线信号接收装置实现远程控制；对于内光外透，采用远程控制与就地控制相结合的方式，灯具在平时作为馆内正常照明的一部分使用，在作为景观照明使用时，景观照明控制箱的控制总线对馆内智能照明控制主机发出指令信号，使所有受控的内光外透灯具全部远程点亮，且就地控制面板失效时，可实现由文化中心控制中心统一远程控制。

启示
————
起点

富有革新精神的社会建筑家山本理显——从"模式变革"到"理性传承"

Innovative Spirit Social Architect Riken Yamamoto

◆ 赵春水

　　在日本建筑界活跃在设计一线的建筑师中，最具"现代传承"的是山本理显（Riken Yamamoto），即是认真地继承了日本战后现代建筑初衷的建筑师。

学生时代

　　山本理显1945年出生于北京，成长在横滨。"他曾生活在远离现代生活方式的一般家庭，家庭构成也很特别。很早过世的父亲好像是通讯方面的技师，同祖母和姑母一起度过童年，他的姑母甚至还患有轻微的残疾。因此可以说他的家庭环境与普通家庭比起来是相当特殊。"由此可见，这样的家庭背景是山本理显执着地追求家庭与住宅关系的原因。

　　他于1968年从日本大学理工学院建筑系毕业，次年开始了东京艺术大学的硕士课程，1971年毕业后进入原广司研究室做研修生。大学期间赶上"全世界共产运动"，这场学生运动后来扩展至全国范围。该运动对于山本理显创新精神、社会责任意识的形成有深刻影响，同时，争取公正待遇的"建筑斗士"的评价也显示出他革命性精神的渊源。

　　山本理显大学毕业后进入原广司研究室。1970年前后，原广司研究室进行"世界住宅集合调查"，对"地中海、中南美、东欧-中东、印度-尼泊尔以及西非"等地进行了五次调查。山本理显参加了"地中海、中南美和印度-尼泊尔"的调查，并

❶ 山本理显
❷ 山川山庄
　　竣工于1977年，平面组织上抽象表达了村落空间的秩序；尝试对陈旧化
　　的住宅形式进行批判；追求崭新居住形式；对于木板的缝隙无任何遮盖

撰写《领域论试论》等论文，这成为其住宅论的基础理论。

　　原广司的《世界集落的教示100》一书是我们20世纪90年代学生的必读书籍，该
书是总结"世界住宅集合调查"的调研结果。该项研究工作以世界村落为对象，为当
时的建筑研究打开了一扇崭新的视窗。很显然，山本理显后来对住宅、城市的深刻理
解与其学生时代的研究密不可分。

建筑师登场（1973—1990年）

　　山本理显于1973年设立了"山本理显设计工场"。出道以来，称为第一个作品
的是竣工于1977年的"山川山庄"。山本自我评价道："这是在刚刚起步、什么也不
懂的情况下设计出的建筑。我从大学院毕业后立刻进入原广司研究室，之后自作主张
地设立了事务所，完全没实践经验。可怕的是，在此情况下我设计了这一建筑，没
有考虑隔热材料……。"后来，他接连完成了几个住宅项目，直到"GAZEBO"住
宅项目（1986年）荣获1988年日本建筑学会奖，给建筑界留下了最初的印象。

"GAZEBO"住宅

事务所发展（1990—2000年）

　　山本理显以获得1988年日本建筑学会奖为契机，踏上了公共建筑设计之路。承接了"名护市市政厅"（1978年）、"日佛文化会馆"、"川里村故乡馆"（1990年）、"琦玉县立近代文学馆"（1993年）、"熊谷市第二文化中心"（1994年）等项目的设计工作。1991年的"熊本县营保田窑第一住宅区"项目，成为其设计生涯的转折点。

　　"熊本县营保田窑第一住宅区"的特点是，住宅围合的院落只对内部开放，只有住户能够进入。虽然保证了院落的私密性，但是将非住户拦在外边，这一点被指责为"只重设计不理解生活"、"建筑师的傲慢之作"等。事件在报纸、电视等媒体上曝光，引起了巨大的反响。但是，从那之后，他的大胆尝试被业界关注，并开始获得更多设计公共建筑的机会。

　　其后，"岩出山中学"（1996年）项目在设计招标中胜出，并获得1998年每日艺术奖。"琦玉县立大学"（1999年）获2001年日本艺术院奖，他凭借该奖项确立了在日本建筑界的地位。2002年凭借"公立函馆未来大学"与木村俊彦同时获得了第二个日本建筑学会奖。对于学校等公共建筑，他一直认为空间是使用方式的反映，秉承着超越"设施=制度"的设计理念。

成熟（2000年—）

　　2001年山本理显通过QBS（Quality based selection）被指定为横须贺美术馆的设计师。"横须贺美术馆"（2007年）获得神奈川设计奖、日本建筑业协会奖，该馆与

❶❷ 函馆未来大学
❸❹ 熊本县营保田窐第一住宅区
❺❻ 岩出山中学校

　　环境融为一体且生机勃勃，用"开放"的概念摒弃了传统美术馆封闭厚重的形象，将展厅和收藏功能设置于中间，用玻璃和钢的双重盖子覆盖表面，避免了"开放"带来的海风对于展品的侵蚀。美术馆除了以感人的形象示人，其设计理念是"开放、混合"，这为建筑形象、空间、技术的创造指明了方向。

❶❷ 邑乐町政府办公楼
❸❹ 琦玉县立近代文学馆

　　总结几个住区的设计经验，山本获得了"东云CODAN"（2003年）的设计机会，并以此项目为契机设计了"建外SOHO"（2003年）。经过二战后的发展，住宅模式渐渐脱离了社会需求。在此住宅案中，山本理显曾尝试"将盥洗室及浴室等供水部分与厨房靠近窗边"。根据这种想法，实际上可以将住宅用作办公室，或形成办公和居住混合的形式。"东云CODAN"（东京）和"建外SOHO"（北京）均获得巨大成功，山本冷静地分析了其主要原因是"办公生活一体化"，即是"对住宅设计旧有模式的突破与创新"的成功。

　　围绕"邑乐町市政府大楼"（2005年）事件，山本理显的设计受到一定程度的阻碍。最初在设计招标中当选为设计者，后来设计合约却遭解除，因此他将主办方告上法庭。对于日常遭遇的各种纠纷，即使是著名建筑师也通常会选择忍耐，如果每次都诉诸法律的话，需要勇气和毅力，还会冒着对自己造成很大的负面影响的风险。但山本理显却勇敢地进行反击，也是其捍卫建筑师社会存在价值的表现。

　　"天津图书馆"（2009年）是山本理显在中国的第二个项目，该项目是我们和

山本一起参加设计竞赛、中标并最终共同设计完成的作品。文化中心建筑群选址在原天津乐园，图书馆以建造"智慧乐园"为理念，面向新媒体时代，以开放、混合、多元的空间使用方式吸引读者，获得了业内及使用者的极大好评。其中，结构的技术创新和设备的精益求精为创造纯粹的空间效果提供了技术保障。"天津文化中心修建性详细规划"2014年获全国优秀规划一等奖，"天津文化中心项目"2013年获全国优秀建筑设计一等奖，2013年获全国优秀公共建筑设计"詹天佑大奖"。

图书馆外观方正简洁，立方体每个面对应于中庭空间，有凹凸的处理。外立面悬挂着淡黄色的石材百叶，凹进部分由玻璃覆盖，为室内提供了柔和的光环境。在此次设计中，山本理显将模块、网格运用得更加自然娴熟，在空间构成中蕴藏着对未来社会、生活方式的预告。

坚持内部无柱的理想空间形态，使得山本在建筑结构形式方面做出努力，体现出现代主义建筑设计的精髓：用非传统的手法创造出新的结构和空间秩序。显然，这样的设计在山本的设计生涯中也没有先例。

横须贺美术馆

横须贺美术馆的基地三面环山,北侧面海,是公园的一部分。美术馆坐落在山谷般的地形中,与景观融为一体。因为盐害的影响,沿美术馆外围布置可开敞的空间,将展厅和收藏库设置在中间,用玻璃和钢的双层罩子覆盖。美术馆生机勃勃并利用周边环境来进行各种展示与活动。展示和收藏部分,由岛体(展室和收藏库)和环绕岛体的壕沟状的常设展示空间构成。参观者漫步其中,可从各种高度和角度体验作品。经过双层表皮的调控,内部空间充满柔和的自然光。

设计思想

1. 家庭与住宅

"我的建筑表现是基于对成长的回忆",山本理显确是如此,他对于住宅内部多种功能空间排列的意义有自己的理解和强烈追求,其出生的家庭、成长环境具有极强的特殊性,与社会一般评价标准的差距成为他思考的原点。从"熊本县营保田窦第一住宅区"受到非议,到"东云CODAN"以及"建外SOHO"的成功,山本理显对住宅内部空间组合方式的探索终于得到社会认可,对家庭形态与住宅形式的研究代表着他对社会性空间的深入思考。

2. 社会建筑家

山本理显结合设计住宅的各种经历，反复验证，不断将其对社会性的思考拓展到学校、大学、市政建筑等公共建筑设计之中。同时，这也给他带来很多声望。对于学校等公共建筑，他认为应超越"设施=制度"的设计理念，甚至说"建筑可基于假说"，各种建筑空间计划都是按照假说的制度而规定，因此他"提出将建筑作为媒介，创造编制成社会性空间"，也许仅就这一点便能称他为"社会建筑家。"

3. 理性建筑家

当后现代主义建筑大行其道，解构主义、高技派等相继登场时，山本理显坚持着现代主义的理想，作为战后现代主义的正统继承者，持续活跃在国际设计舞台上。他提出"边做边思考"、"建造着思考着"，以朴实的态度进行设计实践。他与矶崎新、伊东丰雄等建筑家不同，后者在分析世界建筑发展的趋势之后，为自己定位、著书立说并持续实践，而山本理显并不追求建立自己"完整"的理论系统，虽然只有住宅论而几乎没有一般性的表现论等，但他对现代工业化建筑构造系统与其细节的追求，以及对"建造建筑就是成就未来"的坚持，足以被称为当今建筑界的"理性主义大师"。

山本理显从对住宅的深入思考踏入建筑设计领域，其家庭背景以及学生时期的经历使他的性格充满"执着和正义"。另一方面，在原广司研究室参加的"世界集落调查"对他的设计理论和观念的形成有深刻影响。他通过设计实践不断拷问社会和建筑的关系，提出"建筑基于假说"、"超越设施=制度"、"建造建筑就是筑就未来"、"建造着思考着"等建筑理论和观点，体现出革命性、先锋性的思考和探索。这种"先进性"不同于失去理性的、一味追求个人表现的"时尚"作品，而是努力探索在新时代背景下人们对空间、构造的新需求，并努力将其对空间的新需求转化为现代表达和现代形式；这种"创造性"使得他成为当代日本最具创造力和革新精神的建筑师。

参考文献

[1] 山本理显.《住宅论》.住宅图书馆出版局，1993.

[2] 山本理显.《建筑的可能性，山本理显的想象力》.王国社，2006.

[3] 山本理显.《建造建筑就是铸造未来》.TOTO出版社，2007.

[4] 铃木成文，上野千鹤子，山本理显.《"51C"容纳家庭的盒子的战后与现在》.平凡社，2003.

白房子
—
WHITE HOUSE

天津图书馆的设计思考

Design Thinking of Tianjin Library

 山本理显

2008年，我被邀请在天津参加竞标，邀请人是天津规划院的赵院长。赵院长在日本留过学，获得博士学位，说着一口流利的日语。

这次投标的项目规模非常大，不仅有图书馆，还包括了美术馆、博物馆、大剧院，一共四个建筑项目，这样的规模在中国以外的国家很难想象。我们的团队被邀请设计图书馆项目。由于还有其他五个团队参加，因此一共有六个团队共同参与此次设计招标。任务书要求我们每个团队不仅做图书馆设计，还包括在中央区域有湖面的场地上做"文化中心"整体规划。每个建筑单体项目由四个团队的建筑师参与投标，所以共计有二十个团队来进行方案交流，这二十个团队要提出此区域的整体规划方案。虽然我认为这对于参与的建筑师而言任务过于艰巨，但当地对我们有很大的期待。若是日本的设计招标活动，整体规划基本上都是由行政机关来随意决定吧，在日本，行政官僚的力量要远大于建筑师。而与中国相比，我感受到中国政府对建筑师的信赖远超于日本，因为在日本，行政机关完全不把建筑师放在眼里。

所以，我们和赵博士的团队一起参加了竞标。

我们的方案是大规模箱型（one-box）图书馆。考虑到环保因素，我们的方案采用双层玻璃通风幕墙来包裹"纸箱"，双层玻璃幕墙之间的空隙成为空气流通的通道，开发了自然通风的新型系统。"纸箱"内的流动型空间和新型自然通风系统获得好评如潮，我们的方案获得了第一的殊荣。

然而，问题随后就出现了，市长要求不能使用玻璃材料。的确如此，由于天津的春季经常遭受沙尘暴袭击，严重的时候甚至整条街道都笼罩在昏暗的沙尘当中。而玻璃无法承受沙尘的冲击。我们也重新调整方案，改变了使用玻璃幕墙的想法。当地也希望能采用天津市周边开采的石材作为外墙材料，我们就提出了利用百叶型石材的方案，将玻璃幕墙变更为百叶石材。

方案调整阶段，从空间出发彻底重新进行了结构设计，将之前的钢架结构优化为桁架结构，并采用将梁高为6m×24m的梁层层交错的构造形式。这也是世界上首个钢框架-旋转交错系统，同时还使用了6m高的梁来做书架。这种构造系统非常适合规模大的图书馆，地面空间比较自由。在日本设计师提出结构方案基础上，结构模型计算，结构超限审查，振动台试验等方面，以赵博士团队为主做了大量艰巨工作，同时为了让空间纯净设备人员大胆采用地板送风技术，实现了建筑、结构和设备的整体化设计。

　　另外，我们还利用模型就地板布局进行了探讨，为了让房顶天窗的光线照到下层空间，曾多次调整模型。同时探讨了通过自然采光的方式，调整馆内的每个楼层的布置和书籍的摆放形式。反射光线的墙壁使用了铝塑板材料。板材厚度分三种，故光线的反射形式具有细微的差别。这种材质的墙壁能使从天窗照入的光线变得柔和且能照射到室内的每个角落。我们原本希望百叶石材覆盖的墙壁看起来更加透明，由于应当地要求将外檐角部空间覆盖，故没有达到期待的效果，至今为止还心存遗憾。

　　即便如此，我认为赵院长的团队是一个非常出色的团队，中国之所以能诞生出这样前所未有的新建筑，都要归功于这个团队的积极参与和合作，归功于日中双方设计师对建筑有共同的追求和挚爱。我对赵院长表示诚挚地感谢。

2018年4月24日

一次洗礼——合作设计

A Baptism: Tianjin Library Cooperation Record

 文 侯勇军

很多现在习以为常的事，在当初看来，是如此具有冲击性。

冲击

当我们投入到天津文化中心设计国际竞赛，接触到过去在书本里才能见到的国际级大腕——何镜堂、山本理显、gmp、ksp、OMA、西萨·佩里、矶崎新等，以崇拜的心境，开启了与山本理显设计工场的合作设计，以及与其他大腕的同台竞技。

当我们在第一次内部研讨会上聆听山本理显先生介绍设计方案时，发自内心地感叹其将构思转化为空间的能力、自然清晰的表达能力，以及创新背后的逻辑性、合理性。而此后每次方案研讨会都随身携带的、不断更新的、精致轻巧的工作模型，更让我们爱不释手。

当设计联合体庆祝成功中标天津图书馆之际，欢喜之余，对着模型欣赏那通透的盒子、巨大的悬挑、穿插的空间，不禁为接下来的消防、结构、机电等技术设计工作捏一把汗。

当接踵而来的方案深化设计工作一轮紧似一轮，令人难以喘息之时，当施工图已经完成，进入施工阶段却因收到合作方提交的影响主体结构的更新方案而百般纠结之际，仍不禁佩服对方不断精进的执着精神。

当合作方在各个分项咨询单位的专业化技术支持下，不断完善建筑细部与子项

图书馆设计方案模型

设计时，羡慕之情油然而生。

......

挑战

挑战引发了热情，激发了潜能。

那一天，当我们得知要和山本理显设计工场合作投标天津文化中心项目时，我们翻遍了能够找到所有关于山本先生的资料。

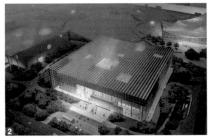

❶ 前期比较散乱的形体
❷ 中期相对规整的形体

那一天，当我们第一次见到山本先生时，怯生生地请教"开放"空间对于建筑的意义，希望能够从大师那里取到"真经"。

那一天，向甲方汇报中期方案，合作团队内部热烈地讨论。忙碌了一天，老赵送山本先生去酒店之后，回到每天至少凌晨1点之后解散的会议室，带领大家继续讨论方案，搭建模型，虽然已是深夜，年轻的团队中依然燃烧着巨大的热情。

那一天，从打印社的沙发中挣扎着醒来，带着新鲜出炉的深化方案汇报图册，怀着期待的心情，夹杂着些许忐忑，再一次奔向指挥部会议室。

那一天，韩总在MIDAS和ETABS之间反复切换，比对计算结果，发起超限审查会之前的最后冲刺。

那一天，为了确保大空间地送风系统的合理性与可靠性，安总刚刚从北京调研回来后，又带领团队马不停蹄地奔赴上海考察。

那一天又一天，我们虽有近水楼台之利，却仍然派陆总每天在施工现场办公，全天候守候现场，保证项目组第一时间发现问题、解决问题。

......

从2008年12月8日天津文化中心国际设计竞赛启动，到2012年5月19日天津图书馆首个开放日，1258天里，中外双方在天津图书馆设计中开展了紧密的合作。在前期，双方约定以外方创意为主提交竞赛方案，共同开展了方案创作；在中期，由外方提出技术方案，我方负责技术深化；在后期，由我方负责施工图设计，双方共同负责施工现场服务，监督施工质量与建造完成度。这是一次开放的合作设计，双方不分彼此，全情投入。这是一次互补的合作设计，充分发挥了双方的优势。这是一次深度的合作设计，有争论，更有共识。双方按照以下几个方面的原则，推动项目向着理想的方向前进。

创新的合理性

对于各界关注的标志性工程，追求创新理所当然。但是，当创新过了度，往往会从真理一步踏入谬误，制造出"奇奇怪怪"的建筑。在研究了山本理显先生的思想与作品之后，我们有了底气。经过充分的讨论与磨合，共同确立了理性平和的创作思路，避免华而不实的创新、标新立异的形式，追求内在丰富的空间。

环境的整体性

在竞标任务书中，要求各投标单位同时提交建筑方案和文化中心规划方案（包括其他三座文化建筑的概念方案）。我们从中体会到了组织方对整体性的重视。在设计之初，我方设计师发挥在地性优势，帮助外方设计师充分了解上位规划，认真分析基地现状与周边环境。在设计过程中，做好空间场所、交通、高度、体量、色彩、材质、顶部等专项设计的研究工作。对图书馆的建筑形态方案进行了调整，形成了相对规整的形体，有利于寻求与美术馆、博物馆的整体关系。并且基于统一中寻求变化的原则，提出了其他三座文化建筑的概念方案。图书馆、美术馆、博物馆内部空间丰富各异，通过方形体量而统一，并且烘托出大剧院的主体地位。

理念的延续性

好的理念并不意味着好的工程。合作双方在项目全过程中进行了无缝对接。中方积极参与了方案创作全过程，全面深入了解设计理念，充分分析可行性，全程做好技术支持工作，特别是在从消防性能化到结构超限论证、振动台试验、钢结构节点试验、大空间空调送风方案等关键性技术问题上，为设计理念的完整性、纯粹性保驾护航。外方同样积极参与到技术设计以及施工监造中，保证理念的实现度、延续性，从而建成高完成度、有品质的工程。

适宜的新技术

外方建筑师带来的不只是理念，还有新技术。为避免"水土不服"，有选择地

采取了适宜我国工业化水平与项目经济、建造条件的技术。公共空间大面积地应用了静压箱地送风系统，基于实地调研与案例搜集，对于系统的有效性、节能性、经济性、舒适度进行了可行性论证。对于静压箱的厚度，进行了充分的讨论，并通过CFD模拟验证确定了合理的尺寸。

这样的合作设计是一面镜子，照出了我们的弱与强，也给了我们自知与自信，指明了前行方向。随着认知水平与实践能力的不断提高，以及市场环境（甲方认识、工业化水平等）的提升，本土建筑师完全可以投入一把，在合作设计中争取主导权。

这样的合作设计是一次洗礼。无论当时如何艰难险阻、五味杂陈，到现在回想起来，大家心底里泛起来的基本上都是沉甸甸的踏实。它给了我们底气走得更远，也时刻提醒我们不断审视自己，在下一个项目中，是否能够保持足够的新鲜感。

获奖·论文·出版物·科研·论坛

Award·Paper·Publication·Scientific Research·Forum

获奖

天津文化中心总体设计

- 2013年，天津市优秀城乡规划设计 一等奖
- 2013年，"海河杯"天津市优秀勘察设计 特等奖
- 2014年，第十二届中国土木工程詹天佑 大奖
- 2014年，中国文化建筑优秀工程 一等奖
- 2014年，全国优秀工程勘察设计行业奖建筑工程 一等奖
- 2014年，全国优秀城乡规划设计 一等奖
- 2014年，天津市科学进步 一等奖

天津图书馆

- 2016年，建筑工程获全国优秀工程勘察设计行业奖建筑工程 一等奖
- 2014年，建筑工程获第十二届中国土木工程詹天佑 大奖
- 2014年，建筑工程获钢结构工程获天津市钢结构学会 优秀设计奖
- 2014年，内装工程获天津市"海河杯"优秀勘察设计 一等奖
- 2013年，弱电工程获天津市"海河杯"优秀勘察设计 特等奖
- 2013年，建筑工程获天津市"海河杯"优秀勘察设计 特等奖
- 2012年，天津市建设工程 金奖海河杯
- 2011年，天津市建筑工程 结构海河杯

论文

- 全程设计——天津文化中心图书馆实践，发表于《城市环境设计》，2014年第12期
- 对谈·天津文化中心图书馆，发表于《城市环境设计》，2014年Z2期
- 天津文化中心规划设计，发表于《建筑学报》，2010年第4期
- 天津文化中心总体设计，发表于《时代建筑》，2010年第5期
- 整体的把控本质的追求_天津文化中心规划设计实践与思考，发表于《建筑学报》，2013年第6期
- 静力弹塑性分析在钢框架支撑结构中的应用——以新建天津图书馆为例，发表于第十三届全国现代结构工程学术研讨会论文集
- 大比例缩尺模型振动台实验及有限元分析，发表于《天津大学学报（自然科学与工程技术版）》2013年2月第46卷第2期
- 钢结构在天津文化中心工程中的应用，发表于《施工技术》2012年9月下第41卷第373期
- 天津图书馆钢桁架构件调整分析与施工，发表于《工业建筑》增刊2011年
- 天津图书馆钢结构体系分析，发表于《工业建筑》增刊2011年第十一届全国现代结构工程学术研讨会论文集
- 天津新图书馆铸钢节点试验研究，发表于《工业建筑》增刊2011年第十一届全国现代结构工程学术研讨会论文集
- 新天津图书馆模型振动台试验设计，发表于《工程力学》2012年6月第29卷增刊 I
- 新天津图书馆模型振动台试验设计，发表于《第20届全国结构工程学术会议论文集》第 I 册 2011.10
- 天津图书馆新馆空调设计，发表于《暖通空调》2012年第2期

出版物

- 天津文化中心设计卷-上.北京：中国城市出版社，2012年07月
- 天津文化中心设计卷-下.北京：中国城市出版社，2012年10月
- UED专辑-天津文化中心，2014.05.16

科研

- 天津图书馆"钢框架–支撑与复杂空间桁架相融合的结构体系"研究，作为天津市科委"天津文化中心工程建设新技术集成与工程示范"课题的子课题获得"天津市科学进步一等奖"
- 实用新型专利：一种钢管柱与钢梁隔板贯通式链接节点
  专利号：ZL 2012 2 0023501.8

论坛

- 培育城市文化——天津文化中心学术论坛 2012.08.31—09.02 中国·天津
- 天津图书馆品评会 2014

《白房子——天津市图书馆全过程设计》编委会

主　　编：赵春水
副主编：陆伟伟　陈　旭
参加人员：侯勇军　崔　磊　韩　宁　安志红
　　　　　西田浩二　杨贺先　刘　磊　金　彪
　　　　　佘江宁　田　园
摄　　影：魏　刚　张　辉　战长恒　苏振强
　　　　　甄　琦　郭　鹏

图书在版编目（CIP）数据

白房子——天津市图书馆全过程设计／赵春水主编.—北京：
中国建筑工业出版社，2018.11
　ISBN 978-7-112-22616-0

　Ⅰ.①白…　Ⅱ.①赵…　Ⅲ.①图书馆—建筑设计—天津
Ⅳ.①TU242.3

　中国版本图书馆CIP数据核字（2018）第200048号

责任编辑：戚琳琳　李婧　陈桦
责任校对：焦乐

白房子——天津市图书馆全过程设计
赵春水　主编
*
中国建筑工业出版社出版、发行（北京海淀三里河路9号）
各地新华书店、建筑书店经销
北京美光设计制版有限公司制版
北京富诚彩色印刷有限公司印刷
*
开本：787×960毫米　1/16　印张：12　字数：241千字
2019年9月第一版　2019年9月第一次印刷
定价：140.00元
ISBN 978-7-112-22616-0
　　（32701）